MÉTODOS CROMATOGRÁFICOS

Blucher

Alexandre Cestari

MÉTODOS CROMATOGRÁFICOS

Teoria e prática

Prefácio

O objetivo deste livro é fornecer conhecimentos sobre a Química Analítica Instrumental, visando estudantes, técnicos, químicos, engenheiros, farmacêuticos, analistas e demais pessoas que atuem na área ou tenham interesse em conhecer este vasto universo analítico. Este livro foi motivado por lacunas existentes entre teoria e prática, em relação a alguns métodos analíticos amplamente utilizados, especificamente tópicos avançados em cromatografia líquida de alta eficiência, cromatografia a gás e cromatografia de íons, além de problemas operacionais que podem ocorrer nos equipamentos, com base na experiência do autor em análises cromatográficas desde 2005.

Atualmente, existem diversas referências bibliográficas que contemplam a teoria relacionada aos métodos cromatográficos, porém aplicações práticas são escassas, sejam em laboratórios de pesquisa, no controle de qualidade de indústrias, em análises de rotina, ambientais ou de alimentos, em exames clínicos, em aplicações de métodos analíticos para amostras reais, além de referências para possíveis resoluções de problemas operacionais.

Este livro contempla lacunas de conhecimento, em que diversas amostras foram analisadas em laboratório, métodos analíticos foram criados, diversos equipamentos foram calibrados, erros e desvios-padrões foram calculados, padrões externos e internos foram utilizados, validações foram efetuadas e os principais problemas foram identificados e solucionados. Diversas amostras foram analisadas utilizando-se diferentes métodos, como bebidas fermentadas e destiladas (vinho, cerveja, uísque, cachaça, hidromel, grappa, *moonshine*), água potável, ar atmosférico, café, mel, azeite, chá, etanol combustível, biodiesel, óleo de soja, óleos essenciais, lúpulos, limoneno, hipérico, presença de pesticidas, substâncias tóxicas, alucinógenas e carcinogênicas, águas minerais, de abastecimento, de lagos e de poços rasos e profundos.

Em suma, este livro visa guiar o leitor em aplicações práticas relacionadas com a Química Analítica Instrumental, compartilhando conhecimento de maneira simples e objetiva sobre os seguintes métodos: cromatografia líquida de alta eficiência com detector de arranjo de diodos e com detector por índice de refração, cromatografia a gás com detector de ionização por chama, cromatografia a gás acoplada à espectrometria de massa e cromatografia de íons.

Desejo a todos boas análises!

Introdução

A Química Analítica Instrumental é extremamente importante na sociedade atual, uma vez que diversas matérias-primas e produtos industrializados precisam ser analisados a fim de garantir as especificações necessárias para suas respectivas aplicações, efetuando-se o controle de qualidade e conformidade dos processos e produtos.

Além das especificações físico-químicas necessárias, diversos produtos e efluentes industriais podem apresentar substâncias tóxicas, carcinogênicas ou mutagênicas que devem ser determinadas e quantificadas, para que não causem danos aos consumidores e ao meio ambiente, como por contaminação dos solos, água e ar atmosférico, prejudicando animais e vegetais.

Por meio da cromatografia a gás com detector de ionização por chama (GC-FID), da cromatografia a gás acoplada à espectrometria de massa (GC-MS), da cromatografia líquida de alta eficiência (HPLC) e da cromatografia de íons (IC) é possível realizar análises qualitativas e quantitativas em uma alta gama de amostras, possibilitando a avaliação e o controle de qualidade de diversos compostos, como água potável, alimentos, bebidas e combustíveis.

As etapas de calibração e validação de métodos são essenciais, uma vez que qualquer fonte de erro pode comprometer, por exemplo, a análise de medicamentos (maiores ou menores concentrações do princípio ativo podem afetar o organismo ou não apresentar o efeito esperado), de bebidas ou alimentos (quantificação inexata de substâncias tóxicas ou carcinogênicas e de pesticidas residuais), de água imprópria para o consumo, de combustíveis adulterados, na química forense e no controle de qualidade de diversos produtos industriais.

Um exemplo muito utilizado em livros de química sobre o erro analítico é a seguinte frase: "*John Smith is pregnant*". É um exemplo sobre um erro muito grosseiro que provavelmente ocorreu por meio da contaminação cruzada entre amostras do sexo feminino e masculino, por meio da limpeza ineficiente de vidrarias, por problemas no método analítico utilizado, ou devido a resíduos da amostra anterior à análise de John Smith, que remanesceram no equipamento.

Durante as etapas de calibração, é muito importante que a vidraria esteja bem limpa e seca, a balança analítica esteja funcionando adequadamente, as vidrarias volumétricas e micropipetas estejam calibradas; ainda, os padrões precisam ser de alta pureza, não estarem contaminados, acima do prazo de validade ou com muita água adsorvida. É recomendável calma e atenção durante as etapas de pesagem, transferências, preparo de soluções, diluições e aferições de menisco, para minimizar os erros analíticos.

Um erro de calibração pode acarretar em sérias consequências, como laudos de matérias-primas incorretos, controle de qualidade de produtos acabados inexatos, erros composicionais em alimentos processados, combustíveis, cosméticos, sanitizantes ou tintas além das especificações, contaminações por pesticidas ou solventes industriais em água potável, no solo e no ar atmosférico, resultados incorretos de exames de doping ou para drogas ilícitas na urina ou no sangue, bebidas contendo metanol ou carbamato de etila acima dos limites, entre outras inúmeras aplicações.

A responsabilidade do analista é muito alta, então sempre é importante realizar a calibração do equipamento e a validação do método aplicado. Recomenda-se o uso de padrões rastreados para a confirmação dos resultados. Também é possível realizar análises interlaboratoriais, utilizar novos padrões (lacrados, de outras marcas, com laudo em anexo) ou solicitar que outro analista prepare os padrões e realize as análises, para aumentar o respaldo analítico do método e verificar a resposta do equipamento, assim como a destreza dos analistas.

Este trabalho foi efetuado utilizando-se dois cromatógrafos a gás com detectores de ionização por chama (GC-FID), dois cromatógrafos a gás acoplados a espectrômetros de massa (GC-MS), dois cromatógrafos líquidos de alta eficiência (HPLC), um com detector de arranjo de diodos (DAD) e o outro com detector de índice de refração (RID) e um cromatógrafo de íons (IC). Todos os cromatogramas apresentados são de padrões analíticos e de amostras reais, analisados pelo autor.

CAPÍTULO 1
Métodos de calibração

CALIBRAÇÃO COM PADRONIZAÇÃO EXTERNA

Os métodos de calibração com o uso de padrões externos são relativamente simples e podem ser utilizados para a quantificação de analitos em soluções desconhecidas e para a obtenção de resultados analíticos confiáveis, com precisão e exatidão. Como exemplo, pode-se fazer uma analogia visual, no preparo de sucos de uva. Se um analista preparar vários copos de suco, com um aumento gradativo na concentração do extrato concentrado de uvas, é obtida uma demonstração visual da curva de calibração com o uso de padrões externos. Nesse caso, o padrão externo será o suco de uva concentrado; os volumes finais das soluções serão sempre constantes e os volumes de extrato e de água serão complementares, variando-se de uma menor para uma maior concentração de suco. A analogia do uso do padrão externo foi representada na Figura 1.1.

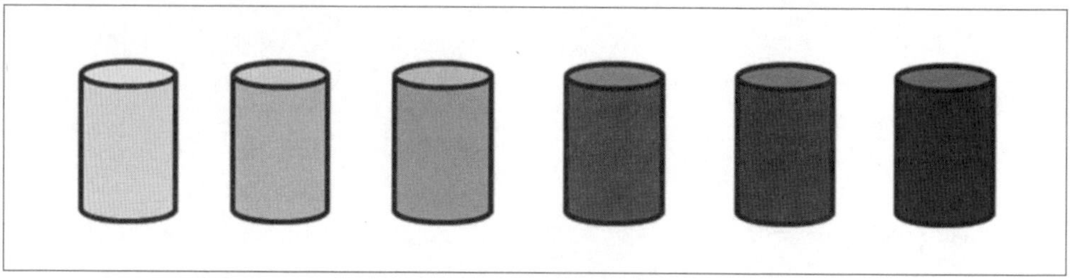

Figura 1.1 Representação visual da curva de calibração.

A determinação da escala crescente de concentrações pode ser verificada apenas visualmente ou por meio da análise sensorial: gosto da solução de suco de uva, por exemplo, uma solução "aguada", inicialmente, até "muito forte" na amostra mais concentrada. Com essa curva de calibração, é possível estabelecer padrões e determinar a concentração de soluções desconhecidas, ou seja, o mesmo princípio da calibração externa.

O ideal em uma calibração desse tipo é o uso de pelo menos seis padrões de calibração preparados pelo analista (seis pontos de calibração), que serão as referências de concentrações para a construção da curva analítica e a obtenção da equação da reta por meio da regressão linear.

A resposta do equipamento deverá ser linear e proporcional à concentração dos analitos para a faixa de concentração de interesse. Como exemplo, a Tabela 1.1 representa a resposta analítica para as concentrações dos padrões preparados, em relação à área dos picos dos cromatogramas.

Tabela 1.1 Curva de calibração

Concentração (mg.L^{-1})	Área (u.a.)
5	1.080
10	2.589
15	3.660
20	5.103
25	6.280
30	7.598

Após a análise dos padrões, os resultados de integração dos picos dos cromatogramas dos analitos foram obtidos, em unidade de área (u.a.) do equipamento. A unidade utilizada para o cálculo da área depende do tipo de detector do cromatógrafo utilizado na análise, e alguns exemplos serão demonstrados nos Capítulos 3 a 7.

Com os dados da Tabela 1.1, procedeu-se para o cálculo da regressão linear, resultando na equação da reta, coeficientes linear, angular e de correlação, com plotagem do gráfico da curva de calibração, representado na Figura 1.2.

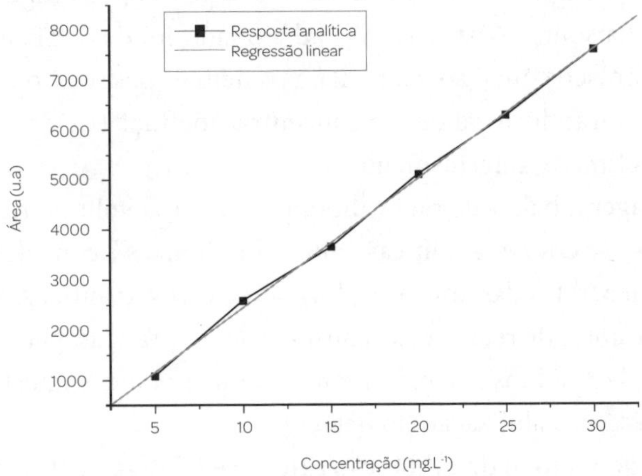

Figura 1.2 Gráfico da curva de calibração.

De acordo os resultados da regressão linear, os seguintes valores foram obtidos: coeficiente angular (a = 257,74857), coeficiente linear (b = –125,6) e coeficiente de correlação (R^2 = 0,99933). Aplicou-se a equação da reta (Y = a.X + b) nesse exemplo, resultando na equação para determinar concentrações desconhecidas: Área (u.a.) = 257,74857 . Concentração ($mg.L^{-1}$) - 125,6.

Observou-se que a curva analítica pode ser utilizada para análises de amostras reais, devido ao coeficiente de correlação (R^2) que apresentou um valor acima do mínimo aceitável ($R^2 > 0,995$). Esse valor de 0,99933 indicou uma alta linearidade em relação à resposta do equipamento utilizado e no preparo pelo analista das seis soluções utilizadas como padrões externos.

Para produzir uma curva de calibração, é recomendável preparar uma solução inicial, para ser posteriormente diluída, chamada de solução-estoque. Para isso, é efetuada a pesagem de um padrão de alta pureza e este é transferido quantitativamente para um balão volumétrico; nesse exemplo, um balão volumétrico de um litro.

Após a preparação da solução-estoque, procedeu-se para as diluições, em balões volumétricos de 100 mL. A curva de calibração nesse exemplo estava na faixa entre 5 e 30 $mg.L^{-1}$. O cálculo para a massa de padrão necessária para a solução-estoque foi efetuado, considerando-se a pureza, para uma concentração de 100 $mg.L^{-1}$ do analito.

Para a curva de calibração, foram necessários os padrões externos com as seguintes concentrações: 5 mg.L^{-1}, 10 mg.L^{-1}, 15 mg.L^{-1}, 20 mg.L^{-1}, 25 mg.L^{-1} e 30 mg.L^{-1}. Aplicou-se a fórmula da diluição ($C_1.V_1 = C_2.V_2$) e determinou-se os volumes de solução-estoque que foram adicionados em cada balão volumétrico de 100 mL.

Para o padrão de 5 mg.L^{-1}, calculou-se: 100 mg.$L^{-1}.V_1$ = 5 mg.L^{-1}.100 mL. Portanto, o volume da solução-estoque (V_1) adicionado foi de 5 mL, aferindo-se posteriormente o menisco com o solvente. Para os demais padrões, o cálculo foi semelhante, apenas alterando o valor da concentração final (C_2) de acordo com as concentrações definidas anteriormente.

Erros de pesagem, balanças mal calibradas ou erros volumétricos podem ocasionar os efeitos de curvas analíticas "altas" ou "baixas", com determinações de concentrações incorretas das amostras, levando a erros analíticos. Deve-se sempre injetar o solvente antes de realizar as análises cromatográficas, para verificar a linha base, a ausência de resíduos no injetor e na coluna, possíveis interferentes e impurezas do solvente e a estabilização do detector.

Enfim, o uso do método de calibração externa é relativamente simples, podendo ser aplicado na maioria das análises por cromatografia líquida de alta eficiência (HPLC). Para as análises de cromatografia a gás (GC), devido a algumas características da técnica analítica, como menor volume de amostra injetada em relação ao HPLC, as pequenas variações de injeção com a microsseringa tornam-se significativas (injetor manual ou automático); além disso, outros fatores podem alterar os resultados, como número de perfurações do septo, limpeza do *liner*, volatilização da amostra e oscilações de chama. Logo, recomenda-se a calibração com o uso do padrão interno.

CALIBRAÇÃO COM PADRONIZAÇÃO INTERNA

O princípio do uso do padrão interno é que este deve ser uma substância quimicamente semelhante aos analitos, por exemplo, com mesmo grupo funcional, massa molecular semelhante à massa molecular média dos analitos, temperatura de ebulição próxima à dos analitos ou utilização de substâncias deuteradas.

O padrão interno é adicionado diretamente na amostra antes da análise, para correções de flutuações analíticas, devido às características do equipamento utilizado, como variações do injetor e do detector do cromatógrafo a gás com detector de ionização por chama (GC-FID).

Se o GC não possuir um injetor automático, o analista deverá injetar manualmente um pequeno volume de amostra, com o uso da microsseringa, aferindo-se o êmbolo corretamente. Na maioria dos métodos, o volume injetado é de apenas 1 μL e deve-se injetar sempre com alta repetibilidade, o que, em alguns casos, é relativamente difícil.

Os analistas que já trabalharam com injeção manual têm a percepção, de acordo com os resultados que obtiveram, de que uma pequena variação na aferição do êmbolo da microsseringa pode resultar em uma alta variação nos resultados, com maiores ou menores valores de área entre as triplicatas.

Se o injetor do GC for automático, existe a probabilidade de uma menor variação volumétrica; porém, ela é considerável quando a análise exige um resultado em baixas concentrações, como partes por bilhão (ppb). O uso do padrão interno corrige as variações do método, da seguinte forma: se a primeira injeção no GC apresentou um maior volume injetado, o analito também apresentará uma maior resposta (maior pico cromatográfico).

Se na segunda injeção o volume foi um pouco menor, a resposta ao analito também será menor (menor pico cromatográfico). A terceira injeção poderá também apresentar variação, porém todas as oscilações de área serão corrigidas pelo padrão interno, pois a área do padrão interno será utilizada como referência.

Para melhor entendimento dessas oscilações, a Tabela 2.2 representa resultados reais obtidos em um GC-FID com injetor automático, para a comparação da mesma amostra, injetada seis vezes, com adição e sem adição de padrão interno (PI), cujo objetivo é determinar a concentração de metanol (analito).

Tabela 1.2 Comparação entre uso ou não do padrão interno (PI)

Injeção	Metanol (u.a.)	PI (u.a.)	Metanol / PI
1	438.986	5.841.345	0,075151528
2	462.194	6.258.279	0,073853211
3	495.199	6.589.743	0,075146937
4	472.891	6.361.615	0,074335055
5	452.151	5.971.728	0,075715270
6	479.097	6.316.977	0,075842765
Média (u.a.)	466.753	6.223.281	0,07501
Desv-pad. abs. (u.a.)	± 20.021,16	± 272.979,31	± 0,00078
Desv-pad. relat. (%)	± 4,290	± 4,386	± 1,037

Foi possível observar que, mesmo com o uso do injetor automático, houve uma variação muito grande entre as análises, maior do que ± 4%. A mesma amostra foi injetada seis vezes, no mesmo dia, em sequência, com o equipamento previamente estabilizado. As variações de volume injetado impactaram as oscilações das áreas dos picos do metanol, afetando a repetibilidade do método, em que o desvio--padrão relativo foi de ± 4,290%.

De acordo com os fabricantes, a maioria dos cromatógrafos a gás pode apresentar desvio-padrão relativo abaixo de ± 1% quando o equipamento está novo. Porém, depende muito da empresa, dos cuidados com o preparo de amostras, do uso correto do GC, da substituição de consumíveis, das limpezas periódicas do detector, do tempo de uso do equipamento e da realização de manutenções preventivas. Contudo, de acordo com os resultados da Tabela 2.2, concluiu-se que o uso do padrão interno é basicamente obrigatório para a cromatografia a gás, diminuindo-se o desvio-padrão relativo para ± 1,037%, um valor aceitável para o método aplicado. Essa diminuição no desvio-padrão só foi possível devido ao fato de o padrão interno estar dentro da amostra; então, quando a resposta para o analito foi menor, a resposta para o padrão interno também foi menor, acompanhando as variações do equipamento. As alterações dos valores de áreas do padrão interno e do analito (metanol) podem ser visualizadas nas injeções número 1 e 3, que foram os valores extremos de variação positiva e negativa.

Na Tabela 2.2 foi representada a relação de áreas metanol/PI, aplicada na fórmula para a quantificação de analitos com o uso do padrão interno e para o cálculo do fator de resposta (FR), que é proporcional ao sinal quantificado pelo tipo de detector em função da molécula do analito. Ou seja, diferentes moléculas geram sinais diferentes nos detectores; por isso, a primeira etapa para o uso da calibração com padrão interno é a determinação dos fatores de resposta (FR) para todos os analitos de interesse presentes na amostra.

Para determinação do fator de resposta (FR), preparou-se uma solução-referência, contendo uma concentração conhecida do analito e do padrão interno. Essa solução foi injetada no GC e calculou-se o FR com a aplicação da Fórmula 1.1.

$$FR = \frac{Api1 \, . \, Ca1}{Aa1 \, . \, Cpi1}$$

Fórmula 1.1 Cálculo do FR.

Onde:

Api1 = área do padrão interno.

Ca1 = concentração do analito.

Aa1 = área do analito.

Cpi1 = concentração do padrão interno.

Para o melhor entendimento do uso da fórmula, preparou-se uma solução-referência em um balão volumétrico de 100 mL com as concentrações: Ca1 = 160 $mg.L^{-1}$ e Cpi1 = 80 $mg.L^{-1}$. O analito selecionado nesse exemplo foi a substância 3-metil-1-propanol e o padrão interno foi 1-pentanol. Os resultados das áreas no cromatograma foram: Api1 = 21.410.074 u.a. e Aa1 = 40.308.785 u.a. Substituindo-se os valores na fórmula, obteve-se o FR = 1,0623 para o analito 3-metil-1-butanol.

Esse valor foi utilizado na Fórmula 1.2, para a determinação da concentração do analito na amostra desconhecida. Para isso, foi necessário nessa etapa adicionar o padrão interno na amostra e injetar no cromatógrafo. Utilizou-se também um balão volumétrico de 100 mL.

$$Ca2 = \frac{Aa2 \,.\, Cpi2 \,.\, FR}{Api2}$$

Fórmula 1.2 Cálculo da concentração do analito.

Onde:

Ca2 = concentração do analito.

Aa2 = área do analito.

Cpi2 = concentração do padrão interno.

Api2 = área do padrão interno.

FR = fator de resposta.

Para exemplificar o cálculo, os seguintes valores foram aplicados na fórmula: Aa2 = 531.261 u.a., Cpi2 = 80 $mg.L^{-1}$, FR = 1,0623 e Api2 = 429.229 u.a.. Após a resolução, obteve-se a concentração de 105,19 $mg.L^{-1}$ do analito 3-metil-1-butanol na amostra desconhecida.

Quanto às amostras com vários analitos, é necessário calcular o FR individualmente para todos os componentes. A fim de simplificar, pode-se preparar uma única solução-referência com todos os compostos de interesse e injetar no GC. Após a análise, com os dados do cromatograma, determinam-se os fatores de resposta (FR) dos analitos. A Figura 1.3 representa as oscilações de dois analitos e um padrão interno (PI), todos em uma mesma solução, injetada no GC-FID seis vezes consecutivas.

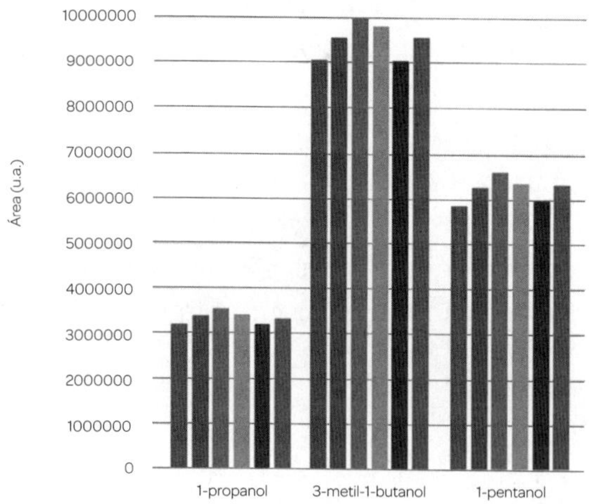

Figura 1.3 Variações na cromatografia a gás.

Observou-se que as variações ocorreram nos analitos e no padrão interno, nas mesmas proporções, o que possibilita os cálculos de correção com o uso do PI. Por meio da variação das áreas no eixo Y do gráfico, concluiu-se que o uso do padrão interno é primordial para evitar os erros analíticos instrumentais na cromatografia a gás com detector de ionização por chama (GC-FID).

CAPÍTULO 2
Validação de métodos

Após o desenvolvimento de um novo método cromatográfico ou da configuração inicial de uma norma oficial em um sistema de cromatografia, seja líquida de alta eficiência ou a gás, deve-se realizar a calibração e a validação do método, para garantir os resultados obtidos nas análises.

As etapas de calibração e validação são extremamente importantes, uma vez que qualquer fonte de erro pode comprometer as análises. Para validar um método, é necessário avaliar os seguintes parâmetros: exatidão, precisão, linearidade, limites de detecção e quantificação, seletividade ou especificidade, análises *intraday* e *interday*.

Por definição, exatidão é a concordância entre o resultado de uma análise e o valor de referência da amostra (valor real). Como exemplo, um padrão rastreado de 10,00 $mg.L^{-1}$ foi analisado em dois cromatógrafos diferentes, com duas calibrações distintas.

Em um deles, a análise indicou a concentração média de 9,93 $mg.L^{-1}$ e no outro 9,07 $mg.L^{-1}$. Ou seja, o primeiro GC apresentou alta exatidão, pois o valor determinado foi muito próximo ao valor real do padrão rastreado, com erro absoluto de –0,07 $mg.L^{-1}$ (valor negativo: menos 0,07 $mg.L^{-1}$). O segundo GC apresentou baixa exatidão (erro absoluto de –0,93 $mg.L^{-1}$); deduz-se que algum problema deve ter ocorrido no método, no equipamento ou na etapa de calibração e deverá ser recalibrado.

A precisão é a repetibilidade do método, ou seja, a avaliação da dispersão dos resultados da análise, repetidos para uma mesma amostra, em triplicata. Novamente no primeiro GC as concentrações foram 9,89 $mg.L^{-1}$, 9,92 $mg.L^{-1}$ e 9,97 $mg.L^{-1}$. Os resultados foram próximos entre eles e indicaram alta precisão. Então, para esse cromatógrafo, o método indicou alta exatidão (próximo do valor real) e alta precisão (triplicatas com valores próximos, com desvio-padrão relativo de ± 0,41%).

Comparando-se exatidão e precisão com um jogo de dardos, a exatidão seria acertar os dardos o mais próximo possível do centro do alvo e a precisão seria acertar repetidas vezes no mesmo local do alvo, independentemente de ser ou não próximo ao centro do alvo. A Figura 2.1 representa o conceito de precisão e exatidão.

Figura 2.1 Precisão e exatidão (jogo de dardos).

O alvo da esquerda representa uma alta precisão, porém com baixa exatidão. O alvo do meio indica uma baixa precisão e insuficiente exatidão e o alvo da direita representa uma alta precisão e alta exatidão. Para melhor entendimento do processo de validação, alguns parâmetros foram descritos resumidamente a seguir:

- *Exatidão:* indica quanto o resultado de uma análise quantitativa está próximo do valor real da amostra, sendo calculada por meio do erro absoluto, com o uso de um padrão analítico. O valor determinado pelo método de quantificação é próximo ao valor real da amostra quando o método é calibrado corretamente, sendo a exatidão calculada por meio do erro absoluto e erro relativo (%), podendo apresentar valores positivos ou negativos. Por exemplo, para medir-se o comprimento de um terreno de 30 metros (valor real da amostra), mediu-se com um instrumento inadequado (uma régua de 15 centímetros) e obteve-se o valor de 28,8 metros (resultado quantitativo). O erro absoluto, nesse caso, foi de −1,2 metros (menos 1,2 metros, valor negativo), ou seja, a medida foi inferior ao valor real da amostra, apresentando menor valor (na linguagem popular: "errou para menos") e o erro relativo foi de −4% (menos 4%).

- *Precisão:* representa as oscilações e as variações do equipamento analítico ou do método, determinada em triplicata ou mais ensaios para uma mesma amostra e calculada por meio do desvio-padrão absoluto. É calculado também o desvio-padrão relativo (%), denominado como coeficiente de variação (CV). Em alguns métodos, divide-se o CV pela média das análises. Por exemplo, em uma triplicata, obteve-se os seguintes resultados: 12,80 $mg.L^{-1}$, 12,10 $mg.L^{-1}$ e 12,40 $mg.L^{-1}$. A média foi de 12,43 $mg.L^{-1}$, o desvio-padrão absoluto de ± 0,35 $mg.L^{-1}$ e desvio-padrão relativo foi de ± 2,82%.
- *Repetibilidade:* é a concordância entre análises de uma mesma amostra, sob as mesmas condições (mesmo analista, usando o mesmo equipamento, com repetições em um curto período; por exemplo, no mesmo dia e analisadas em sequência).
- *Limite de detecção (LOD):* é o menor valor de concentração do analito que pode ser detectado pelo equipamento em uso. Geralmente, calcula-se como três ou três vírgula três (3 ou 3,3) vezes o valor do desvio-padrão ou do ruído da linha base. Em alguns métodos, divide-se pela inclinação da curva de calibração (coeficiente angular), onde: LOD = 3,3 . desvio-padrão / coeficiente angular.
- *Limite de quantificação (LOQ):* é a menor concentração do analito que pode ser determinada quantitativamente com um nível aceitável de precisão e exatidão. Em geral, calcula-se como dez vezes o valor do desvio-padrão ou do ruído da linha base. Em alguns métodos, divide-se pela inclinação da curva de calibração, onde: LOQ = 10 . desvio-padrão / coeficiente angular.
- *Linearidade (R^2):* são resultados diretamente proporcionais à concentração das amostras, dentro de uma determinada faixa de concentração. É o valor do coeficiente de correlação (R^2) obtido por meio da regressão linear. Quanto mais próximo de 1, maior a linearidade da calibração (por exemplo, $R^2 = 0,999$).
- *Precisão intermediária:* calculada com a mesma amostra, no mesmo laboratório, em diferentes dias de análise. Geralmente, aplica-se em dias alternados, durante algumas semanas, para comprovar a viabilidade do método.
- *Reprodutibilidade:* é a concordância entre análises da mesma amostra, em condições variadas de medição; por exemplo, em diferentes laboratórios, por diversos analistas, em diferentes equipamentos e em diferentes dias.
- *Seletividade:* ocorre quando os componentes da matriz da amostra não interferem na quantificação do analito. Nos métodos cromatográficos, é necessário garantir que um pico representa apenas uma substância, sem interferentes, efeito da matriz, falso-positivo ou substâncias coeluentes. Em alguns métodos, é denominada como especificidade, ou seja, a capacidade do método em distinguir o analito dos demais compostos da amostra.

estacionárias polares, intermediárias ou apolares. Podem apresentar variados comprimentos, por exemplo, 30, 60, 90 ou 120 metros. Quanto maior for a complexidade da amostra, ou maior for a quantidade de analitos na mistura, maior deverá ser a coluna para promover a separação.

O termo *coluna capilar* é devido ao diâmetro interno, sendo muito estreito, aproximadamente da espessura de um fio de cabelo. São diferentes das *colunas empacotadas*, com maiores diâmetros e menores comprimentos. As colunas capilares são cilíndricas e feitas de sílica, ficando enroladas em um suporte metálico. Apresentam a fase estacionária quimicamente ligada às paredes internas da coluna, com um orifício no meio, para a passagem do gás. A fase estacionária é constituída por um filme fino líquido e a separação ocorre por partição gás-líquido entre componentes da amostra em fase gasosa e o líquido no interior da coluna.

Quanto maior for a interação do analito com a fase estacionária da coluna, maior será o tempo de retenção, ou seja, o período quantificado em minutos que o composto irá demorar para percorrer a coluna e chegar ao detector. A contagem de tempo se inicia quando a amostra é injetada no cromatógrafo por meio de uma microsseringa. Na maioria dos métodos, injeta-se apenas 1 microlitro de amostra diluída em um solvente apropriado.

Então, dependendo da polaridade dos compostos presentes na amostra e do tipo de coluna utilizada, irá ocorrer a separação cromatográfica. O analista deverá ter um conhecimento prévio dos compostos da amostra para determinar qual fase estacionária irá utilizar para promover a separação.

Por exemplo, uma mistura de álcoois poderá ser separada por uma coluna polar ou com polaridade intermediária. Além da polaridade, para essa mistura, quanto maior a cadeia carbônica do álcool, maior será seu ponto de ebulição, possibilitando a separação também por rampas de temperaturas com taxas de aquecimento programadas para o forno em que a coluna está acondicionada. Para efeito comparativo, o metanol apresenta o ponto de ebulição de 65 °C e o 1-pentanol evapora a 138 °C.

Nos álcoois desse exemplo, a polaridade é influenciada pelo tamanho da cadeia carbônica; assim o 1-pentanol é relativamente menos polar do que o metanol. Então, a separação cromatográfica de vários álcoois irá depender da polaridade e da temperatura de ebulição das moléculas presentes na mistura.

Depois que todos os analitos são separados, as concentrações são quantificadas no detector. Existem diversos tipos de detectores; por exemplo, de condutividade térmica, captura de elétrons, espectrômetro de massa e detector de ionização por chama (FID), entre outros.

O detector mais utilizado mundialmente e considerado como universal devido à qualidade da resposta e aos limites de detecção e de quantificação, com alta variedade de aplicações e com boa relação custo-benefício, é o FID. No seu interior, há uma chama alimentada por hidrogênio em que os analitos são ionizados.

Os íons são atraídos e coletados, gerando um sinal elétrico que é proporcional à concentração do analito na mistura, produzindo o pico cromatográfico. A área do pico no cromatograma é utilizada para a quantificação do composto, considerando-se o fator de resposta do analito, além da utilização do padrão interno. Para melhor entendimento, demais conceitos cromatográficos estão descritos e aprofundados nas aplicações práticas deste trabalho.

ETANOL, METANOL E ÁLCOOIS SUPERIORES: BEBIDAS FERMENTADAS (HIDROMEL, VINHO, CERVEJAS *WEIZEN*, APA E IPA)

A produção de bebidas fermentadas depende muito de diversos fatores: do processo de fabricação; da matéria-prima utilizada; do tipo de equipamento; das condições fermentativas; da linhagem da levedura utilizada; da assepsia e dos métodos utilizados; da origem, do local da área agrícola, da adubação, da irrigação, da espécie vegetal; das características físico-químicas do solo; da altitude; e das condições climáticas anuais, como temperatura, índice pluviométrico, entre outros fatores.

Quanto ao plantio de cevada, por exemplo, as regiões com clima mais frio favorecem a produção com maior qualidade (Alemanha, Bélgica, Polônia). No sul do Brasil e Argentina também é possível o plantio, porém as características sensoriais dos grãos serão diferentes, comparados à cevada proveniente da Europa. A cevada da América do Norte também apresenta as suas características distintas.

Além da cevada para a produção do malte, o lúpulo irá apresentar melhores características para a produção de cerveja de acordo com o local de origem e o clima. Existem lúpulos europeus e norte-americanos de qualidade, assim como alguns tipos provenientes da Nova Zelândia e da Patagônia.

No Brasil, devido ao foto-período necessário para a floração do lúpulo, as espécies convencionais não produzem flor no país, então existem algumas formas para contornar essa dificuldade, como uso de iluminação artificial em alguns períodos do ano (não recomendado, devido ao aumento de custo produtivo) e cruzamento de espécies (por exemplo, o lúpulo da Mantiqueira). Porém, a produção ainda não é volumosa e impactante, devido ao impedimento geográfico para a produção de lúpulo. Novos cruzamentos e adaptações de lúpulos estão sendo realizados, para produção em regiões não convencionais.

A escolha da linhagem de leveduras é um fator muito importante e deverá ser efetuada pelo mestre cervejeiro de acordo com o estilo da cerveja a ser produzida. Existem leveduras de alta e baixa fermentação, com variados graus de atenuação, floculação, rendimento fermentativo, geração de subprodutos, produção de ésteres, resistência ao etanol produzido, temperatura e pH ideal de trabalho, limite fermentativo, necessidade de nutrientes específicos, entre outros.

Desde a escolha da matéria-prima, o uso de vários maltes e lúpulos simultaneamente; a escolha da levedura, da brasagem até o envase e a pasteurização; as condições de fermentação e maturação, assim como a seleção dos reagentes utilizados, irão impactar a qualidade do produto acabado, atribuindo características sensoriais positivas ou negativas.

Como exemplo, algumas substâncias podem afetar a qualidade das cervejas e atribuir aromas de papelão molhado, gambá, borracha, vinagre, mofo, vômito de bebê (ácido butírico), cheiro "azedo" ou amanteigado (diacetil), entre outros problemas.

Em relação ao vinho, a posição geográfica do país produtor é de altíssimo impacto, devido às características climáticas e do solo. Existem regiões no mundo com denominações de origem, como vinho do Porto, em Portugal, e Champagne, na França, para produção do espumante. Existem regiões específicas com denominações de origem diferenciadas na Espanha e na Itália também para a produção de vinhos especiais.

Outras regiões que produzem vinhos de qualidade são o Vale da Napa, nos Estados Unidos; a África do Sul; a Argentina; e o Chile. Novamente, condições climáticas, altitude, índice pluviométrico, solo, presença de pedras e minerais e temperatura anual impactam positivamente a produção das uvas e, consequentemente, a qualidade do vinho.

A uva necessita produzir o mínimo necessário de açúcares fermentáveis para que a fermentação consiga produzir as altas concentrações de etanol no vinho, em média, entre 12 e 14 °GL. Se, devido às condições de solo e ao clima, a uva não produziu o mínimo de açúcares necessário, o vinho irá apresentar baixa concentração de etanol, ficando "fraco". Existe um processo antigo denominado *chaptalização*, que consiste na adição de açúcares antes da fermentação para a correção do mosto e o aumento do teor alcoólico final. Porém, esse processo não é recomendado: vinhos de qualidade não praticam tal correção, devido aos subprodutos gerados.

Outros fatores que podem comprometer a produção de vinhos são alta acidez, fermentação malolática incompleta (também conhecida como fermentação secundária: conversão de ácido málico em ácido lático, com melhores características sensoriais), infecções bacterianas, leveduras selvagens, maturação ineficiente, alta ou baixa concentração de taninos, erros na sulfitação, entre outros. Outras substâncias que são produzidas durante a fermentação e a maturação podem apresentar características sensoriais positivas, fazendo parte do *bouquet* dos vinhos.

O hidromel é uma das bebidas fermentadas mais antigas de que se tem conhecimento, com mais de 8 mil anos desde a primeira fermentação, aparentemente acidental, de mel em água na presença de leveduras selvagens, provenientes do próprio mel.

É considerado o néctar dos deuses, apresentando características quase míticas, estando presente em várias histórias vikings e medievais, na Epopeia de Gilgamesh, na Edda Poética e, atualmente, em vários filmes e seriados. Apesar de o hidromel ser antigo, vários fatores podem afetar a qualidade do produto final, além de o processo tradicional apresentar um tempo fermentativo muito longo.

A fermentação incorreta pode produzir diversos subprodutos, inclusive substâncias tóxicas. Algumas formulações incluíam frutas para suplementar nitrogênio e demais nutrientes para as leveduras, além de corrigir o pH do mosto antes da fermentação. A origem do mel e o tipo de florada também impactavam as características sensoriais da bebida produzida.

Uma das explicações para o hidromel não ter se popularizado tanto quanto o vinho é que as vinhas apresentam maior rendimento produtivo por área plantada do que a criação de abelhas; a obtenção das uvas era mais simples, fácil e barata, e a uniformidade do produto final era mais facilmente controlada, além de o tempo fermentativo ser menor para a produção de vinho.

Atualmente, a produção de hidromel está retornando e é possível obter uma bebida de qualidade. Inclusive, já existem países, como Portugal e Estados Unidos, que produzem hidromel com conformidade, padronização e em escala industrial. Porém, a questão do custo produtivo ainda não foi superada, devido ao alto valor agregado do mel.

Neste capítulo, serão demonstrados os resultados analíticos e os métodos empregados na caracterização de cerveja, vinho e hidromel. A primeira etapa a ser realizada é o preparo de amostra. De maneira alguma é possível injetar uma bebida fermentada em um cromatógrafo a gás; isso poderá causar danos ao equipamento. É necessário inicialmente destilar a amostra da bebida fermentada.

Para a preparação, o procedimento é uma destilação simples e pode-se utilizar uma manta de aquecimento, um balão de destilação, pérolas de vidro e um condensador retilíneo. Adiciona-se a amostra e coleta-se o destilado de acordo com o grau alcoólico da bebida fermentada. Para bebidas com maiores teores alcoólicos, coletam-se maiores volumes de destilado.

O destilado será utilizado para as análises cromatográficas e também será possível calcular o teor alcoólico real das bebidas fermentadas ou aplicar esse valor a um cálculo de rendimento fermentativo, para monitorar o processo produtivo ou indicar o tempo final da fermentação. Por exemplo, para a análise de uma amostra de hidromel, 100 mL foram adicionados ao sistema de destilação e coletou-se 65 mL de destilado. A amostra de destilado foi analisada em um densímetro digital, indicando o resultado de 20 °GL (% $v.v^{-1}$). Multiplicando-se 65 mL por 0,20, obteve-se 13 mL de etanol anidro. Esse volume de etanol anidro estava dentro da amostra de hidromel, então, considerando-se 100 mL de amostra como 100% v.v^{-1}, determinou-se que a amostra continha 13% v.v^{-1} de etanol, o que seria equivalente a 13 °GL.

Para a análise no GC-FID, a 50 mL do destilado foi adicionado o padrão interno (PI = 50 µL de 1-pentanol). Uma alíquota da amostra foi transferida para um pequeno frasco ("vial") e injetada no GC. Porém, antes da análise, foi realizado todo o procedimento para descobrir e determinar os tempos de retenção dos analitos, assim como os cálculos dos fatores de resposta (FR). As Figuras 3.1 e 3.2 representam algumas etapas desse procedimento.

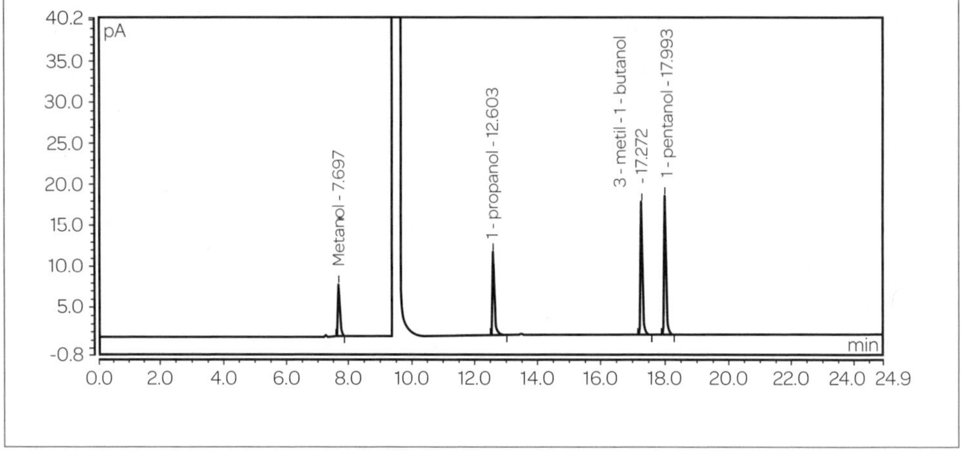

Figura 3.1 Cromatograma dos padrões: metanol, 1-propanol, 3-metil-1-butanol e 1-pentanol (PI).

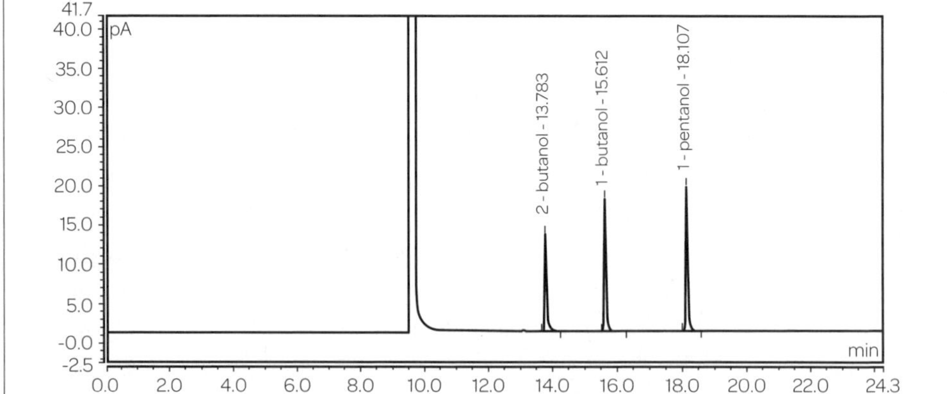

Figura 3.2 Cromatograma dos padrões: 2-butanol, 1-butanol e 1-pentanol (PI).

Após a injeção de várias soluções contendo os analitos de interesse que possivelmente estarão na amostra, uma tabela é montada com os compostos e seus respectivos tempos de retenção (TR). Por exemplo, inicialmente injeta-se apenas etanol anidro no GC-FID e anota-se o TR. Depois, adiciona-se metanol ao etanol anidro e injeta-se essa amostra. Esse processo é demorado, pois deve ser efetuado sucessivamente com todos os possíveis analitos até a obtenção de todos os TRs, individualmente. Os resultados da determinação foram representados na Tabela 3.1 e as condições cromatográficas determinadas para o método estão na Tabela 3.2.

Tabela 3.1 Tempos de retenção dos analitos

Analito	TR (min.)
Acetaldeído	7,14-7,26
Metanol	7,58-7,70
Etanol	9,38-9,65
1-propanol	12,55-12,62
Acetato de etila	13,39-13,48
2-butanol	13,69-13,78
2-metil-1-propanol	14,47-14,55
1-butanol	15,44-15,61
Acetal	16,11-16,17
3-metil-1-butanol	17,21-17,27
2-metil-1-butanol	17,29-17,37
1-pentanol (PI)	17,93-18,05
Furfural	20,17-20,21

Tabela 3.2 Condições cromatográficas

Componente	Condições/características
Coluna	Fase 624, 60 m, 0,25 mm, 1,4 µm
Injetor	240 °C
Injeção	1 µL
Split	50:1
Hélio	1,0 mL.min.^{1}
Purge flow	5,0 mL.min.^{1}
Forno	40 °C (5 min.), 10 °C/min. até 220 °C (2 min.).
FID	250 °C
Ar sintético	350 mL.min.^{1}
Hidrogênio	35 mL.min.^{1}
Nitrogênio (*make-up*)	30 mL.min.^{1}
Tempo de análise	25 min.

Todas as substâncias determinadas podem estar presentes em bebidas fermentadas, dependendo de processo produtivo, assepsia, tipo de levedura, fontes de açúcares, contaminações, bactérias, leveduras selvagens, pH, grau Brix, tempo fermentativo, entre outros fatores. Por exemplo, o cromatograma na Figura 3.3 representa a análise de uma amostra de bebida destilada. Como observação, a única exceção que os métodos oficiais permitem para essa análise é a coeluição dos isômeros 3-metil-1-butanol e 2-metil-1-butanol. Essa sobreposição não impacta a quantificação dos analitos, uma vez que o controle de qualidade e as normativas vigentes consideram a somatória dos álcoois superiores como limite máximo em bebidas destiladas.

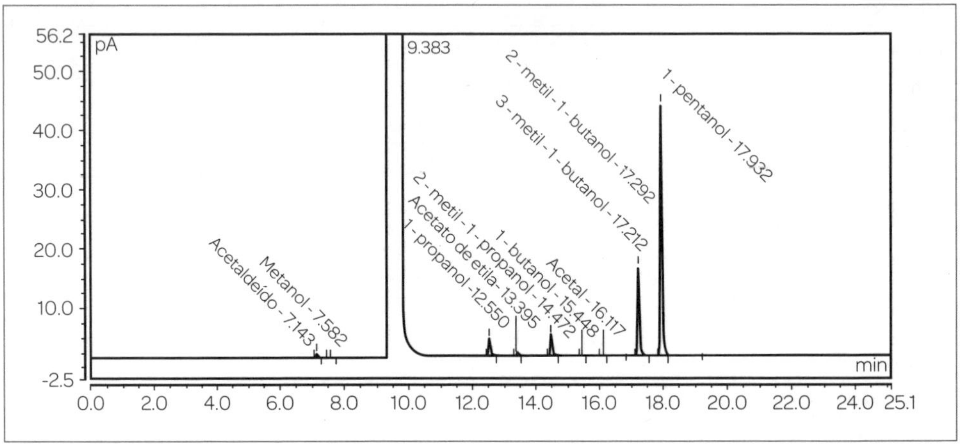

Figura 3.3 Cromatograma de uma amostra de bebida destilada.

Observando-se o pico do padrão interno no cromatograma, visualmente verificou-se que os picos dos analitos foram muito menores. Quando a bebida destilada está com alguns compostos acima dos limites máximos permitidos devido a problemas produtivos, geralmente, os picos de alguns componentes dos álcoois superiores, por exemplo, 3-metil-1-butanol e 2-metil-1-butanol, são maiores do que o pico do PI. Para compostos em que o limite é muito baixo (exemplo: metanol, 1-butanol e 2-butanol) é necessário certificar que o limite de quantificação do método atenda às concentrações. Comumente, quando o pico do metanol é observado no cromatograma sem ampliação, é um possível indicativo de estar em concentração acima do limite permitido.

Dependendo da resposta do FID (marca, modelo), é possível aumentar a intensidade dos picos, diminuindo-se o *split* inicial de 50:1 para 25:1 para essas condições de análise. Se for diminuição de sinal devido a resíduos orgânicos, fragmentos de grafite da anilha ou muito tempo de uso, a limpeza periódica do coletor, do *jet* e da base do

FID serão necessárias. Na maioria dos modelos, o sinal nominal do FID aceso, sem a presença de analitos, é entre 5 e 6 pA (pico ampère), com algumas oscilações.

Em relação às bebidas destiladas, o problema na falta de controle fermentativo é que pode ocorrer a produção de substâncias tóxicas indesejáveis, como acetaldeído, metanol, 1-butanol, 2-butanol, furfural e álcoois superiores. Também pode ocorrer comumente a produção de ácido acético por acetobactérias, ácido butírico por *Clostridium butyricum* ou toxina botulínica por *Clostridium botulinium*.

O ácido acético irá atribuir característica sensorial de vinho "avinagrado", o ácido butírico é um defeito produtivo na fabricação de cervejas (cheiro de vômito de bebê) e esporos de *Clostridium* podem estar presentes nas amostras de mel, gerando a toxina botulínica durante a fermentação do hidromel, o que pode causar danos graves ao organismo, como paralisia parcial e insuficiência respiratória.

Sobre a toxina botulínica, não é recomendado alimentar bebês com a adição de mel a leite, sucos ou frutas, uma vez que pode ocorrer uma intoxicação muito intensa em menores de 2 anos de vida, denominada *botulismo*. Em relação ao diacetil na produção de cervejas, a própria levedura pode realizar a absorção e a conversão desse composto, durante o procedimento denominado *diacetyl rest*, eliminando o aroma "amanteigado".

Após a determinação dos TRs, procede-se a determinação dos FRs. Para isso, prepara-se uma solução de referência com concentrações conhecidas dos analitos, adiciona-se o PI e injeta-se no GC-FID. Com os FRs, calculam-se as concentrações desconhecidas nas amostras.

A determinação dos FRs deverá ser efetuada periodicamente, uma vez que variações no FID podem ocorrer ao longo do tempo de uso e com a necessidade da limpeza dos coletores de íons, por exemplo. Como moléculas menores formam uma quantidade menor de íons durante a ionização por chama, os valores de FR diminuem com o aumento das massas moleculares para compostos com os mesmos grupos funcionais. Por exemplo, quanto aos álcoois nessa análise, o valor do FR do metanol é bem maior do que o valor para o 2-metil-1-butanol.

Os resultados na Tabela 3.3 são referentes aos FRs obtidos na calibração e na Tabela 3.4 estão os resultados de uma amostra de hidromel produzido em laboratório.

Tabela 3.3 FR obtidos na calibração do GC-FID

Analito	FR
Acetaldeído	2,378
Metanol	2,341
1-propanol	1,368
Acetato de etila	1,625
2-butanol	1,338
2-metil-1-propanol	1,131
1-butanol	1,095
Acetal	1,032
3-metil-1-butanol	0,950
2-metil-1-butanol	0,948
Furfural	1,059

Tabela 3.4 Resultados da amostra 1 de hidromel

Analito	Concentração (mg.100 mL^{-1} et. an.)
Acetaldeído	5,48
Metanol	1,17
1-propanol	10,38
Acetato de etila	18,08
2-butanol	n.d.
2-metil-1-propanol	48,44
1-butanol	n.d.
Acetal	n.d.
3-metil-1-butanol	129,92
2-metil-1-butanol	60,32
Furfural	147,05
Álcoois Superiores	249,05

As concentrações de metanol (tóxico, provoca danos à retina, cegueira, afeta o fígado e, em alta concentração, pode acarretar óbito), acetato de etila (aroma de solvente, levemente adocicado), 2-butanol, 1-butanol e acetal apresentaram valores aceitáveis. Para a concentração de álcoois superiores, que é a somatória das concentrações de 1-propanol, 2-metil-1-propanol, 3-metil-1-butanol e 2-metil-1-butanol, o valor é aceitável, porém o ideal seria um pouco abaixo dessa concentração.

Para essa amostra, observou-se que a concentração de acetaldeído estava relativamente alta. Ele apresenta aroma de grama "cortada", altas concentrações são tóxicas e seus vapores caracterizam insalubridade em ambiente de trabalho; porém, a concentração dessa amostra foi aceitável.

Para o composto furfural, o valor obtido está muito acima do valor máximo para consumo com segurança, pois apresenta alta toxicidade, é possivelmente carcinogênico, é mutagênico e apresenta DL_{50} oral em ratos de 108 $mg.kg^{-1}$. Por meio desse exemplo, identifica-se que, mesmo com todas as cautelas experimentais realizadas, algumas amostras podem estar fora de especificação.

A formação do furfural, em conjunto com a geração de 5-hidroximetilfurfural (5-HMF), pode ter ocorrido por meio do aquecimento dos açúcares presentes no mel (alta temperatura ambiente, amostra no sol por muito tempo, mel velho). Essa amostra foi descartada e um novo hidromel foi produzido, com outro lote de mel, recém-envasado, cujos resultados foram descritos na Tabela 3.5.

Tabela 3.5 Resultados da segunda amostra de hidromel

Analito	Concentração ($mg.100\ mL^{-1}$ et. an.)
Acetaldeído	8,20
Metanol	9,61
1-propanol	31,19
Acetato de etila	18,65
2-butanol	n.d.
2-metil-1-propanol	77,84
1-butanol	n.d.
Acetal	n.d.
3-metil-1-butanol	203,01
2-metil-1-butanol	96,59
Furfural	2,51
Álcoois superiores	408,63

Para essa amostra de hidromel, o problema do furfural foi resolvido, porém algum fator relacionado às condições fermentativas alterou a rota metabólica das leveduras e houve a formação de uma alta concentração de álcoois superiores, o que comprometeu a qualidade da bebida produzida.

Para obter um hidromel de alta qualidade, um planejamento fatorial inicial foi utilizado, variando-se incialmente a concentração de mel (°Brix), concentração de leveduras (*pitching rate*) e temperatura de fermentação.

As leveduras utilizadas foram uma linhagem especial, ideal para a produção de hidromel, devido à alta tolerância para maiores concentrações de etanol e à deficiência de nutrientes e de nitrogênio no mosto. O pH foi corrigido para o valor ideal de referência para a levedura utilizada.

Após a obtenção do melhor resultado na série, novos replanejamentos fatoriais foram efetuados, considerando a florada do mel (silvestre, laranjeira, eucalipto), tipo de água mineral (concentração de sais dissolvidos, resíduo de evaporação, dureza da água, pH, teores de nitrato e demais cátions e ânions presentes), tempo fermentativo e a inserção de uma etapa de maturação em temperatura reduzida. Após quase uma centena de reações, obteve-se um hidromel de qualidade.

Esse processo trabalhoso e demorado para definir as condições fermentativas ideais demonstra como os processos fermentativos são complexos e apresentam vários detalhes e especificações, resultando na possibilidade de a produção de bebidas ou os erros analíticos instrumentais de quantificação causarem danos severos à saúde humana.

Atualmente, existem vários kits para fermentações caseiras, como *home made brew*, utilizados por entusiastas artesanais que, às vezes, fermentam em condições desfavoráveis (sanitização inadequada, erro na obtenção do pH, falta de controle de temperatura e de conhecimento prévio, uso de equipamento inadequado), com leveduras impróprias (por exemplo, levedura para panificação) ou com uso excessivo de frutas (produção de metanol). Esses fatores podem comprometer a qualidade das bebidas fermentadas e também gerar substâncias tóxicas. Como exemplo, a análise de uma cerveja artesanal estilo *Weizen* foi apresentada na Tabela 3.6.

Tabela 3.6 *Weizen* artesanal

Analito	Concentração (mg.100 mL^{-1} et. an.)
Acetaldeído	4,72
Metanol	5,52
1-propanol	182,79
Acetato de etila	23,17
2-butanol	n.d.
2-metil-1-propanol	154,64
1-butanol	1,03
Acetal	0,76
3-metil-1-butanol	313,16
2-metil-1-butanol	155,80
Furfural	n.d.
Álcoois superiores	806,39

Observou-se uma inconformidade muito alta em relação à concentração dos álcoois superiores. Para comparação, amostras de cervejas artesanais tipo *american pale ale* (APA) e *indian pale ale* (IPA – produzida em laboratório) foram também analisadas (Tabelas 3.7 e 3.8).

Tabela 3.7 APA artesanal

Analito	Concentração (mg.100mL^{-1} et. an.)
Acetaldeído	3,41
Metanol	54,37
1-propanol	60,76
Acetato de etila	8,19
2-butanol	n.d.
2-metil-1-propanol	56,11
1-butanol	n.d.
Acetal	n.d.
3-metil-1-butanol	102,38
2-metil-1-butanol	50,47
Furfural	n.d.
Álcoois superiores	269,72

Tabela 3.8 IPA produzida em laboratório

Analito	Concentração (mg.100 mL^{-1} et. an.)
Acetaldeído	n.d.
Metanol	n.d.
1-propanol	18,22
Acetato de etila	4,07
2-butanol	n.d.
2-metil-1-propanol	43,69
1-butanol	n.d.
Acetal	n.d.
3-metil-1-butanol	27,66
2-metil-1-butanol	15,63
Furfural	n.d.
Álcoois superiores	105,20

Observou-se que a amostra de APA artesanal apresentou uma concentração muito alta, considerada perigosa à saúde, de analito metanol e não deverá ser consumida em hipótese alguma.

A amostra de IPA produzida em laboratório, com o máximo de controle possível nas operações produtivas – como sanitização, temperaturas de brasagem, rampas de aquecimento, isomerização dos alfa-ácidos, temperaturas de fermentação e maturação, com o uso de matérias-primas importadas (quatro tipos de malte, três tipos de lúpulos e uma espécie de levedura específica para o estilo) produziu uma fermentação "limpa", com baixas concentrações de subprodutos.

Substâncias tóxicas, carcinogênicas, que afetam as características sensoriais da cerveja ou que podem causar efeitos negativos após o consumo ou no dia subsequente – como acetaldeído, metanol, 2-butanol, 1-butanol, acetal e furfural –, não foram produzidas e algumas estavam em concentrações relativamente muito baixas, por exemplo, os constituintes dos álcoois superiores.

O processo fermentativo para a produção de vinhos é bem antigo e com muitas variáveis, de acordo com local produtivo, tipo de uva, utilização de leveduras selvagens (processo antigo), clima, solo e estilo desejado. Existem vinhos italianos, espanhóis, portugueses, franceses, chilenos, argentinos, da América do Norte e África do Sul, considerados exemplos de padrões de qualidade internacionais.

A vinda dos colonos europeus para a América do Sul expandiu o cultivo das vinhas para regiões de climas temperados, como Chile e Argentina. Inclusive, as maiores empresas produtoras de vinho do mundo estão nessas regiões. Existe uma vinícola, na cidade de Mendoza, em que o processo produtivo era inicialmente por meio da prensagem da uva em tinas de madeira, com o uso dos pés das pessoas, o que era comum nas vinícolas da época.

Alguns italianos acabaram migrando para essa cidade a trabalho e um deles resolveu fixar moradia (diz a lenda que se apaixonou por *una mendocita*). Esse italiano observou o método rudimentar de prensagem de uva e informou que na Itália já existia um modo mais eficiente para esse processo. O italiano construiu uma réplica da máquina de extração da Itália e esse aparelho ficou conhecido na região como "El Trapiche" em referência à máquina original. Traduzindo-se "Trapiche" do espanhol para o português, obtém-se a palavra moinho. O uso desses equipamentos possibilitou um grande aumento produtivo de vinhos em Mendoza.

Além da parte histórica, foram muito importantes as questões de cultivo da uva, períodos de poda, limpeza das dornas, fermentações primária (etanólica) e secundária (malolática), remontagens, trasfegas e tempo de envelhecimento, para a obtenção de um produto de qualidade. O grande problema da fermentação com frutas é a presença de pectina, que pode ser convertida em metanol; então, esse parâmetro precisa ser avaliado constantemente.

O limite de metanol em bebidas fermentadas à base de uva é 350 $mg.L^{-1}$ e para realizar a análise cromatográfica é necessário inicialmente destilar a amostra de vinho, para remover interferentes, taninos, açúcares residuais e substâncias que podem danificar o cromatógrafo.

Após a destilação, é feita a adição do padrão interno na amostra; aplica-se o fator de resposta previamente determinado na calibração e calcula-se a concentração de metanol no destilado. Após isso, converte-se a concentração obtida em proporção ao volume inicial de vinho antes da destilação e para um litro de amostra. A Tabela 3.9 indica alguns resultados obtidos nesse estudo.

Tabela 3.9 Metanol em amostras de vinho

Origem do vinho	Concentração de metanol ($mg.L^{-1}$)
Chile A (tinto)	191,2
Chile B (tinto)	102,5
Chile (branco)	84,9
Brasil (tinto)	389,3

Observou-se que uma amostra aleatória de um pequeno produtor brasileiro sem registro estava com a concentração acima do permitido, porém não se deve generalizar esse resultado para os processos produtivos no país, pois todas as grandes produtoras de vinho são extremamente cautelosas em relação à concentração desse composto.

Entre as amostras de vinhos tinto e branco, como esperado, o valor para vinhos brancos é sempre inferior aos tintos, devido ao fato de que a fermentação de brancos ocorre sem as cascas das uvas; então, a disponibilidade de pectina é inferior nesses processos, resultando em menor produção de metanol. Existem alguns processos industriais para tintos com o uso de inibidores da enzima pectinase, para evitar altas concentrações de metanol nas bebidas.

Vários exemplos já foram noticiados, em escala mundial, como o caso em que o *moonshine* americano matou várias pessoas, uma mulher perdeu a visão definitivamente na Suécia após ingestão de vodca em uma festa noturna, óbitos e danos oculares acarretados por bebidas clandestinas no Nordeste do Brasil, vinhos caseiros espalhados pelo mundo causando problemas em turistas, cervejarias com compostos contaminados induzindo problemas intestinais e, em alguns casos, até óbitos. Enfim, a fermentação precisa ser efetuada corretamente, com um rígido controle de qualidade, para evitar problemas futuros à saúde do consumidor.

ETANOL, METANOL E ÁLCOOIS SUPERIORES: BEBIDAS DESTILADAS (CACHAÇA, UÍSQUE, GRAPPA, *MOONSHINE*)

Assim como a produção de bebidas fermentadas exige um alto controle do processo produtivo para evitar contaminações, subprodutos e substâncias tóxicas, a produção de bebidas destiladas também necessita de muita cautela e conhecimento prévio do químico responsável.

Para a produção de um destilado, inicialmente é produzido um fermentado, por meio da conversão de açúcares pelas leveduras em etanol, liberando também dióxido de carbono e demais substâncias que irão compor a bebida, sendo algumas desejáveis, denominadas de congêneres, e outras prejudiciais ou que afetam negativamente o sabor e o aroma.

Existem algumas substâncias que podem conferir à bebida odores que não são agradáveis, por exemplo, aroma de queijo, cebola, amêndoas, "grama cortada", chulé, salgadinhos industrializados, entre outros. É possível verificar esses aromas em laboratório, possuindo os reagentes corretos e realizando uma simulação sensorial de defeitos em bebidas. Portanto, boas práticas de fabricação durante a fermentação e a destilação irão garantir a qualidade das bebidas (por exemplo, o uísque). Existem diversos países produtores desse destilado, cada um com suas particularidades produtivas e tradições.

Por meio da cromatografia a gás é possível identificar fraudes, adulterações, países de origem, matérias-primas utilizadas, tempo de envelhecimento, madeiras dos tonéis, além de substâncias tóxicas e congêneres presentes nos uísques. Por exemplo, pode-se determinar se o uísque é puro malte, misturas de malte e grãos, uísque feito com grãos não maltados, tipo de levedura utilizada ou se houve adulteração com etanol proveniente de outras fontes de açúcar (por exemplo, sacarose de cana-de-açúcar). A Tabela 3.10 representa os parâmetros para esse método qualitativo.

Tabela 3.10 Tipos de uísque e fator R

Matéria-prima	Fator R
Escocês: grãos não maltados	0,3
Escocês: malte + grãos (*blend*)	1,2
Escocês: puro malte	2,2
Cana-de-açúcar (valores médios)	3,0 a 3,5

O fator R é a somatória das concentrações dos analitos 3-metil-1-butanol e 2-metil-1-butanol, dividida pela concentração do 2-metil-1-propanol. Diversas bebidas destiladas comerciais foram analisadas neste trabalho e alguns resultados foram representados na Tabela 3.11. Para comparação, algumas amostras foram produzidas em laboratório, como exemplo, um novo tipo de bebida destilada, denominada de destilado de hidromel, obtida após a destilação de uma amostra de hidromel, que é uma bebida fermentada.

Tabela 3.11 Uísques, cachaças, destilado de hidromel e *moonshine*

Destilado	Concentrações (mg.100 mL^{-1} et. an.)			
	2-metil-1-propanol	3-metil-1-butanol	2-metil-1-butanol	R
Uísque escocês, 8 anos (*blend*)	50,20	39,17	17,94	1,14
Uísque escocês, 12 anos (*blend*)	63,21	62,25	29,06	1,44
Uísque do Tennessee, 8 anos	151,40	188,32	133,54	2,13
Cachaça A	45,76	99,01	37,98	2,99
Cachaça B	44,90	102,34	51,78	3,43
Uísque blend (laboratório)	78,28	63,86	22,60	1,10
Uísque puro malte (laboratório)	76,90	136,48	45,51	2,37
Destilado de hidromel (laboratório)	51,58	147,40	55,80	3,94
Moonshine (laboratório)	38,45	113,58	48,70	4,22

Observou-se que as amostras comerciais de uísque escocês de 8 anos e das duas cachaças apresentaram valores próximos aos valores esperados do fator R. Para a amostra de uísque escocês de 12 anos, o valor obtido estava discretamente acima do recomendado.

Na amostra de uísque do Tennessee de 8 anos, o valor de R foi próximo ao valor de referência para um uísque escocês puro malte, porém as concentrações de álcoois superiores foram muito acima dos valores encontrados normalmente em uísques escoceses. Então, a diferenciação foi efetuada também com base nas concentrações dos outros analitos presentes nas amostras, em função da somatória dos álcoois superiores.

Para as amostras produzidas em laboratório, observou-se a diferenciação dos destilados de acordo com o fator R. A proporção de álcoois superiores presentes em destilados é dependente de vários fatores, como a fonte de açúcares fermentáveis (maltose, glicose, frutose, sacarose), temperatura fermentativa, tipo de levedura (alta ou baixa fermentação, linhagens diferentes, concentração no mosto), nutrientes presentes, fracionamentos nas destilações, transformações químicas durante o envelhecimento, entre outros.

Como cada bebida apresenta características distintas, é possível, por exemplo, criar um banco de dados cromatográficos com diversos destilados diferentes e utilizar, para a determinação da procedência, tipo de matéria-prima e padrões de qualidade dos destilados, possibilitando a diferenciação entre uísques de puro malte, *blend*, presença de milho na composição, estilos Bourbon, Tennessee, Kentucky, irlandês, canadense, das *Highlands* ou das *Lowlands*, entre outros. Para exemplificar, a Tabela 3.12 representa os analitos quantificados em uma amostra de uísque escocês (*blend*).

Tabela 3.12 Uísque escocês

Analito	Concentração (mg.100 mL^{-1} et. an.)
Acetaldeído	11,69
Metanol	6,77
1-propanol	68,33
Acetato de etila	29,65
2-butanol	n.d.
2-metil-1-propanol	65,29
1-butanol	0,66
Acetal	3,55
3-metil-1-butanol	60,15
2-metil-1-butanol	22,32
Furfural	n.d.
Álcoois superiores	216,09
R	1,26

O *moonshine* é uma bebida que foi desenvolvida durante o período da lei seca norte-americana (*prohibition period*), entre os anos de 1920 e 1933. O nome deriva do processo produtivo, cujos fabricantes ilegais produziam a bebida à noite, no meio das matas, para evitar ordens de prisão. Preferiam os períodos em que a lua estava cheia, para poder iluminar melhor os locais, com o *moonshine*: luar, brilho da lua.

Uma figura histórica muito ativa durante esse período estadunidense foi Al Capone, contrabandeando as bebidas ilegais. Todos os produtores precisavam escoar a produção rapidamente e evitar o policiamento; então, eram usados carros rápidos, com motores modificados, além de bons motoristas, que – de acordo com a lenda – foram os precursores das corridas de Nascar.

Como o processo era muito rudimentar e carente de conhecimento científico, com o uso de alambiques de cobre, alguns problemas, como intoxicação por metanol, ocorreram durante essa fase da história. A falta de garrafas de vidro também era um obstáculo, sendo resolvida com o uso de potes de maionese para comercialização, o que caracterizou a bebida até os dias atuais.

A bebida era produzida principalmente entre os meses de primavera, verão e outono (dependia da região do país), uma vez que as temperaturas baixas no inverno causavam a hibernação das leveduras e o etanol não era produzido. A destilação era o processo primordial para possibilitar a produção de uma bebida de qualidade, realizando-se o fracionamento correto e removendo as substâncias tóxicas que eram produzidas devido às fermentações rudimentares, sem controle de temperatura e processos assépticos.

No geral, os produtores montavam as bombonas fermentativas e as escondiam no meio do mato. Às vezes, animais eram atraídos pelo cheiro das frutas (cereja, pêssego), dos grãos (milho) e do açúcar. Às vezes, alguns mosquitos entravam nas dornas ou ratos roíam o milho antes do processo. Era muito comum a presença de bactérias nos mostos.

Com isso, o fracionamento era essencial. A primeira fração (*foreshot*) era descartada, devido à alta concentração tóxica de metanol (ponto de ebulição: 65 °C) e demais componentes voláteis, como acetaldeído, acetona e acetato de etila. As próximas frações (*head*) continham essas substâncias em altas concentrações e eram utilizadas em uma segunda destilação, para reaproveitamento do etanol também presente nessas frações. Esses compostos atribuíam sabor e aroma de solvente à bebida e alguns causavam dor de cabeça, por exemplo, o acetaldeído.

As próximas frações (*heart*) eram o coração da bebida, ou seja, o *moonshine* propriamente dito, contendo principalmente etanol (ponto de ebulição: 78 °C) e congêneres desejáveis no destilado. Frações subsequentes eram denominadas como cauda (*tail*) e eram reaproveitadas em uma nova destilação para recuperação do etanol e separação de substâncias com maior ponto de ebulição (por exemplo, ésteres com maiores massas moleculares), que causavam odores desagradáveis, outras com sabor amargo, além de algumas substâncias tóxicas, como furfural (ponto de ebulição: 162 °C).

Para demonstração do processo de destilação, realizaram-se análises cromatográficas, de acordo com o fracionamento de um *moonshine* produzido em laboratório: Frações *head*, *heart* e *tail* (Tabelas 3.13, 3.14, 3.15 e 3.16).

Tabela 3.13 Fração 1 (*head*).

F1 - 60 °GL

	TR	Área	Conc. (mg/100 mL et. anid.)	
Acetaldeído	7,36	0,0429	10,48	
Metanol	7,88	0,0066	1,63	
1-propanol	12,73	0,1160	16,30	
Acetato de etila	13,59	0,2451	46,03	
2-butanol	13,80	0,0000	0,00	
2-metil-1-propanol	14,65	0,8020	93,15	
1-butanol	15,62	0,0077	0,87	
3-metil-1-butanol	17,40	3,3604	328,04	
2-metil-1-butanol	17,47	1,1531	112,56	
Furfural	20,21	0,0007	0,11	
1-pentanol	18,11	1,2981	550,06	→ Alc. Sup.
			4,73	→ R

Tabela 3.14 Fração 2 (*heart*).

F2 - 47 °GL

	TR	**Área**	**Conc. (mg/100 mL et. anid.)**	
Acetaldeído	7,36	0,0123	3,25	
Metanol	7,88	0,0044	1,18	
1-propanol	12,73	0,0708	10,77	
Acetato de etila	13,59	0,0257	5,22	
2-butanol	13,80	0,0000	0,00	
2-metil-1-propanol	14,65	0,3437	43,20	
1-butanol	15,62	0,0045	0,55	
3-metil-1-butanol	17,40	1,3019	137,54	
2-metil-1-butanol	17,47	0,4758	50,27	
Furfural	20,21	0,0003	0,05	
1-pentanol	18,11	1,5312	241,78	→ Alc. Sup.
			4,35	→ R

Tabela 3.15 Fração 3 (*Tail*).

F3 - 30 °GL			
	TR	Área	Conc. (mg/100 mL et. anid.)
Acetaldeído	7,36	0,0035	1,57
Metanol	7,88	0,0042	1,92
1-propanol	12,73	0,0381	9,86
Acetato de etila	13,59	0,0037	1,28
2-butanol	13,80	0,0000	0,00
2-metil-1-propanol	14,65	0,1045	22,36
1-butanol	15,62	0,0024	0,50
3-metil-1-butanol	17,40	0,3769	67,77
2-metil-1-butanol	17,47	0,1318	23,70
Furfural	20,21	0,0004	0,12
1-pentanol	18,11	1,4094	123,70 → Alc. Sup.
			4,09 → R

Tabela 3.16 Fração 4 (*Tail*).

F4 - 20 °GL			
	TR	Área	Conc. (mg/100 mL et. anid.)
Acetaldeído	7,36	0,0030	2,01
Metanol	7,88	0,0032	2,17
1-propanol	12,73	0,0161	6,20
Acetato de etila	13,59	0,0000	0,00
2-butanol	13,80	0,0000	0,00
2-metil-1-propanol	14,65	0,0250	7,96
1-butanol	15,62	0,0000	0,00
3-metil-1-butanol	17,40	0,0846	22,63
2-metil-1-butanol	17,47	0,0300	8,02
Furfural	20,21	0,0006	0,26
1-pentanol	18,11	1,4213	44,81 → Alc. Sup.
			3,85 → R

De acordo com as composições, o melhor destilado que poderá ser consumido é a Fração 2, que seria considerada o coração da destilação (*heart*). As demais frações podem ser purificadas por uma nova destilação para coletar uma nova fração *heart*, sendo um processo de bidestilação.

A Fração 1 apresentou alta concentração de álcoois superiores, acima do limite permitido para bebidas destiladas (limite: 360 mg álcoois superiores por 100 mL de etanol anidro), sendo considerada imprópria para o consumo. A alta concentração de compostos de maior ponto de ebulição do que o etanol em frações iniciais de destilação é justificada por meio da lei de Raoult. As concentrações de acetaldeído e acetato de etila também podem prejudicar a qualidade da bebida e são bem voláteis. Verificou-se que esses compostos foram removidos na Fração 1 e estão em concentrações consideradas aceitáveis na Fração 2.

As Frações 3 e 4 são conhecidas também como "água fraca", devido ao menor teor alcoólico, e podem ser retificadas por meio de uma nova destilação. Também é possível fazer uma mistura (*blend*) com as Frações 2 e 3 e obter um destilado de qualidade, desde que a Fração 3 não apresente aromas ou sabores desagradáveis (amargo, queimado).

Por meio do fracionamento durante a destilação foi possível purificar a amostra inicial antes da destilação, convertendo-a na Fração 2 (heart) para diminuir as concentrações de acetaldeído, 1-propanol, acetato de etila, 2-metil- -1-propanol, 3-metil-1-butanol e 2-metil-1-butanol, produzindo uma bebida destilada de qualidade. Em relação ao metanol, essa fermentação não produziu uma quantidade significativa desse composto, devido à matéria-prima utilizada, à ausência de pectina e aos cuidados durante o preparo do mosto e fermentação.

As concentrações de metanol, como não apresentaram variações significativas entre as frações, podem ser provenientes do solvente ou do padrão interno, de acordo com vários experimentos realizados anteriormente. Conforme fermentações anteriores, quando ocorreu a produção de metanol, este composto apresentou alta concentração na Fração 1 e foi diminuindo nas frações subsequentes.

Para monitoramento da qualidade e preservação da saúde do consumidor, existem valores na normativa vigente no Brasil para bebidas destiladas derivadas da cana-de-açúcar, cujos parâmetros são apresentados na Tabela 3.17. Também existem algumas normas brasileiras com limites para bebidas específicas e devem ser utilizadas de acordo com o produto elaborado.

Tabela 3.17 Limite para bebidas destiladas derivadas da cana-de-açúcar

Composto ou elemento	Limite máximo
Metanol	20 mg em 100 mL de etanol anidro
Carbamato de etila	150 μg em 1 L da bebida (limite antigo) e 210 μg em 1 L da bebida (novo limite)
Acroleína	5 mg em 100 mL de etanol anidro
Álcool sec-butílico (2-butanol)	10 mg em 100 mL de etanol anidro

Tabela 3.17 Limite para bebidas destiladas derivadas da cana-de-açúcar

Composto ou elemento	Limite máximo
Álcool n-butílico (1-butanol)	3 mg em 100 mL de etanol anidro
Cobre (Cu)	5 mg em 1 L da bebida
Chumbo (Pb)	200 µg em 1 L da bebida
Arsênio (As)	100 µg em 1 L da bebida
Acidez volátil, expressa em ácido acético	150 mg em 100 mL de etanol anidro
Ésteres totais, expressos em acetato de etila	200 mg em 100 mL de etanol anidro
Aldeídos totais, em acetaldeído	30 mg em 100 mL de etanol anidro
Hidroximetilfurfural e furfural	5 mg em 100 mL de etanol anidro
Álcoois superiores: isobutílico (2-metil -1-propanol), isoamílicos (2-metil-1-butanol + 3-metil-1-butanol) e n-propílico (1-propanol)	360 mg em 100 mL de etanol anidro

Além dos resultados anteriores obtidos com a coluna 624 (60 m, 0,25 mm, 1,40 µm), algumas análises foram efetuadas com uma coluna com fase estacionária de polietilenoglicol (PEG), denominada, comumente, Wax, com 30 m, 0,25 mm e 0,25 µm. As condições do método foram descritas na Tabela 3.18.

Tabela 3.18 Condições cromatográficas

Componente	Condições/características
Coluna	Fase Wax, 30 m, 0,25 mm, 0,25 µm
Injetor	250 °C
Split	30:1
Hélio	0,7 mL.min.^{1}
Forno	40 °C (4 min.), 5 °C/min. até 100 °C, 10 °C/min. até 200 °C (10 min.).
FID	250 °C

Pode-se observar a influência das diferentes polaridades das fases nos tempos de retenção e ordem de eluição dos analitos no cromatograma da Figura 3.4 e nos resultados compilados nas Tabelas 3.19 e 3.20. Para garantir a coerência entre os resultados utilizando-se colunas diferentes, os cálculos dos fatores de resposta (FR) foram realizados individualmente, obtendo-se resultados semelhantes.

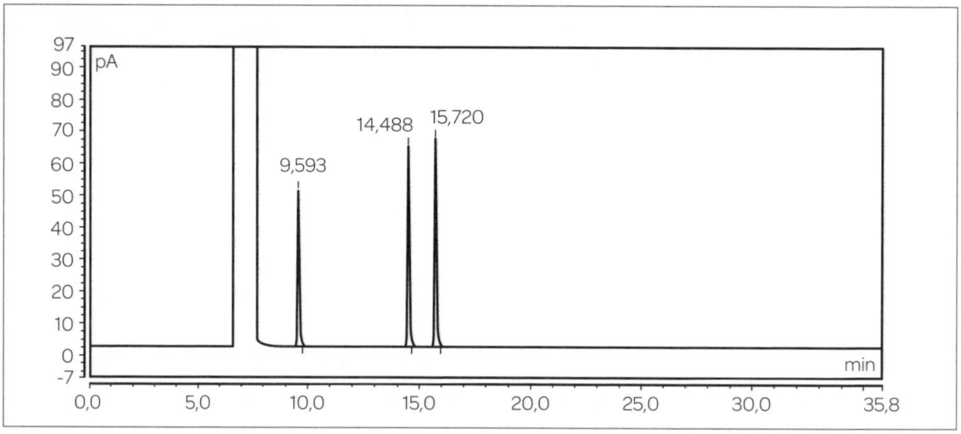

Figura 3.4 Padrões: 1-propanol, 3-metil-1-butanol e 1-pentanol (PI) em coluna Wax.

Tabela 3.19 Diferenças de TRs entre as colunas

Analito	TR coluna 624 (min.)	TR coluna Wax (min.)
Acetaldeído	7,26	3,46
Metanol	7,70	5,85 + coeluição do 5,90
Etanol	9,65	7,10
1-propanol	12,60	9,59
Acetato de etila	13,48	5,51 + sobreposição do 5,62
2-metil-1-propanol	14,55	11,27
Acetal	16,17	5,62 + sobreposição do 5,51
3-metil-1-butanol	17,27	14,48
2-metil-1-butanol	17,37	Coeluição em 14,48
1-pentanol (PI)	18,05	15,72

Tabela 3.20 Diferenças de concentrações entre as colunas

Analito	Concentração na coluna 624 (mg.100 mL^{-1} et. an.)	Concentração na coluna Wax (mg.100 mL^{-1} et. an.)
Acetaldeído	11,69	11,64
Metanol	6,77	9,49 (coeluição do 5,90 min.)
1-propanol	68,33	73,13
Acetato de etila	29,65	36,43 (sobreposição do 5,62 min.)
2-metil-1-propanol	65,29	68,60
Acetal	3,55	4,99 (sobreposição do 5,51 min.)
3-metil-1-butanol	60,15	88,96
2-metil-1-butanol	22,32	Coeluição em 14,48 min.
Álcoois Superiores	216,09	230,69
R	1,26	1,30

Observou-se que a coluna, por apresentar menor comprimento e já estar em uso há mais de um ano, não apresentou boa resolução, ou seja, alguns picos coeluíram ou ficaram sobrepostos, comprometendo os resultados para alguns analitos. Com o tempo de uso, a fase estacionária da coluna vai lixiviando, sendo esse fenômeno conhecido como "sangramento" (*bleeding*). Enquanto a coluna estiver conseguindo separar os analitos nas soluções padrões, ainda apresenta vida útil válida. Como observação, os isômeros 3-metil-1-butanol e 2-metil-1-butanol são extremamente difíceis de separar. Os picos sobrepostos e em coeluição estão representados na Figura 3.5.

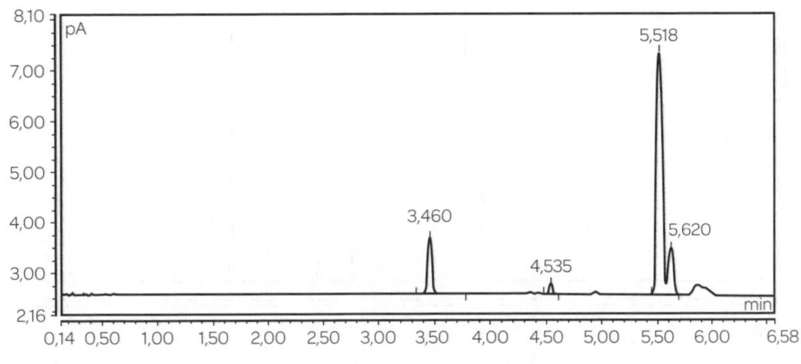

Figura 3.5 Coeluição de picos cromatográficos em coluna Wax.

Então, para essa análise na coluna Wax, podem-se considerar apenas os resultados que foram próximos aos valores obtidos na coluna 624 e recomenda-se a troca por uma coluna nova, já que a fase estacionária pode ter lixiviado ao longo do tempo de uso – se possível, uma com maior comprimento e/ou com alteração nas condições do método utilizado, por exemplo, diminuição da temperatura inicial ou aumento no tempo da primeira isoterma, para possibilitar a separação correta dos picos e não inferir em erros analíticos de quantificação.

A grappa italiana é um destilado obtido originalmente do resíduo da produção do vinho, sendo conhecida no Brasil como "bagaceira". Apesar da denominação brasileira, é possível obter grappa de alta qualidade, se os devidos cuidados forem efetuados e o processo for desempenhado por um químico com bons conhecimentos e experiência em destilações.

Como informado anteriormente, a fermentação de frutas e de mostos que contenham pectina pode desencadear a formação de metanol, altamente prejudicial aos humanos. De toda forma, o metanol formado na obtenção da grappa pode ser eliminado durante o fracionamento na destilação.

O cromatograma da Figura 3.6 indica a alta incidência de metanol em uma amostra de grappa italiana incorretamente destilada, analisada com o método da coluna 624. Essa análise foi efetuada sem a adição do padrão interno (PI) para a verificação de possível efeito de matriz, com alguma substância com semelhante tempo de retenção do PI. Como não foi observado pico no cromatograma na região do PI, outra análise foi realizada para quantificação, com a adição do PI na amostra.

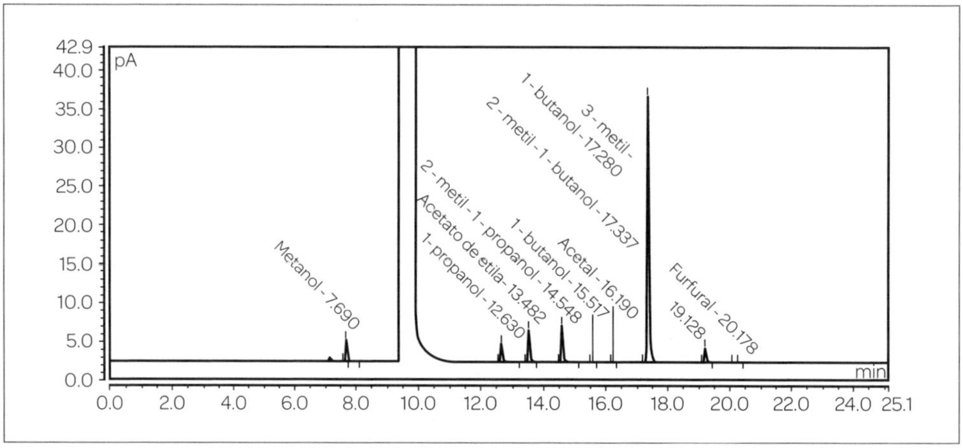

Figura 3.6 Grappa italiana em coluna 624.

Por meio dos cálculos, obteve-se um valor 91,36 mg de metanol em 100 mL de etanol anidro, ou seja, um valor quase cinco vezes superior ao limite da norma brasileira para bebidas destiladas, de acordo com a qual o metanol deverá apresentar concentração inferior a 20 mg em 100 mL de etanol anidro da bebida. Porém, existe uma lei brasileira de 1988 em que, na classificação para a bagaceira, o limite máximo é de 750 mg de metanol por 100 mL de etanol anidro.

Como consequência de seu consumo, o metanol pode causar neuropatia óptica, intoxicação, cegueira permanente e até óbito. Os limites seguros para o consumo deveriam ser os menores possíveis, para não causar danos à saúde. A ficha internacional de segurança para o metanol indica que acima de certos valores de concentração o metanol pode afetar os sistemas biológicos. Alguns exemplos foram citados na Tabela 3.21.

Tabela 3.21 Limites de exposição para o metanol

Monitoramento	Exposição	Efeito	Valor
Trabalhadores	Contato com a pele	Sistêmico de longo prazo	40 $mg.kg^{-1}$ da massa corporal por dia
Consumidores	Ingestão	Sistêmico de longo prazo	8 $mg.kg^{-1}$ da massa corporal por dia
Consumidores	Inalação	Sistêmico de longo prazo	50 mg por metro cúbico de ar
Solo	Concentração	Limite	23,5 $mg.kg^{-1}$
Água salgada	Concentração	Limite	15,4 $mg.kg^{-1}$
Água doce	Concentração	Limite	154 $mg.kg^{-1}$
Insalubridade máxima	Local de trabalho	Limite no ar	200 mg por metro cúbico de ar
Limite de exposição	Local de trabalho	Limite na urina	15 mg por litro de urina
Toxicidade aguda	Ingestão	Náuseas, vômitos	100,1 $mg.kg^{-1}$
Toxicidade aguda	Inalação	Irritação nas vias respiratórias	3,1 $mg.L^{-1}$ por 4 horas
Toxicidade aguda	Contato com a pele	Irritação na pele	300,1 $mg.kg^{-1}$

Realizando-se um simples cálculo, em que um indivíduo com massa corporal de 70 kg consumiu, por exemplo, 300 mL de bagaceira, na concentração limite de 750 mg por 100 mL de etanol anidro, com uma concentração de etanol em 40 °GL, estima-se que foram consumidos 900 mg de metanol no total. Dividindo-se pela massa corporal, foi obtido o valor de 12,86 $mg.kg^{-1}$ por massa corporal por dia, ou seja, ultrapassou o limite máximo internacional de segurança para evitar um efeito sistêmico de longo prazo.

De acordo com o cálculo e as informações na tabela, recomenda-se sempre que a menor concentração limite de metanol seja utilizada para o consumo seguro de bebidas alcoólicas, prezando pela saúde do consumidor.

Diversas amostras de cachaça produzidas no Brasil foram analisadas, de diferentes regiões produtivas, marcas e preços. Foi possível ordenar as cachaças de acordo com a qualidade, em função da concentração dos analitos. Para verificação, o autor entrou em contato com uma das maiores empresas produtoras do país e os resultados obtidos neste trabalho, para uma amostra comercial, foram praticamente iguais às análises da empresa que produziu a cachaça. Como observação, esse método também pode ser utilizado para o controle de qualidade do etanol combustível, anidro ou hidratado.

BIODIESEL: TEOR DE ÉSTERES

O biodiesel é uma mistura composta por vários ésteres, geralmente metílicos, em que a composição final da mistura depende da origem da matéria-prima, como fontes animais (sebo bovino) ou vegetais (óleo de soja).

Atualmente, no Brasil, as seguintes fontes de óleos e gorduras estão sendo utilizadas para a produção de biodiesel: soja, sebo bovino, milho, palma, semente de algodão, gordura de porco e de frango, óleo residual de fritura, entre outros.

A soja é predominante devido às características físico-químicas do biodiesel produzido e também pela mecanização de plantio, alta área já existente de cultivo, entre outros fatores agrícolas, sendo o sebo bovino a segunda fonte de matéria-prima em porcentagem produtiva.

Existem diferenças entre os biodieseis produzidos com óleo de soja ou sebo bovino, como temperatura de congelamento, estabilidade oxidativa, poder calorífico, pontos de fulgor e entupimento de filtro, mono, di e triglicerídeos residuais, viscosidade cinemática, índice de iodo, massa específica, contaminação total, acidez, cinzas, número de cetano, corrosividade ao cobre e concentrações de cálcio, fósforo, magnésio, sódio, potássio e enxofre.

Por exemplo, um biodiesel de sebo apresenta estabilidade oxidativa superior em relação ao proveniente de soja, permitindo maior período de validade e de tempo de armazenamento do combustível. Porém, devido à composição, a temperatura de congelamento não permite o uso desse biodiesel em regiões do Brasil que apresentam baixas temperaturas durante o inverno, pois ocorreram vários casos de o biodiesel congelar nas distribuidoras, inclusive na região Sudeste, durante o inverno.

Também não é possível utilizar sebo em altas porcentagens relativas para a mistura do biodiesel, mesmo em regiões com maiores temperaturas, porque em dias mais frios isso pode dificultar a fluidez do combustível nos veículos, além de dificultar a combustão, sendo necessário manter a porcentagem majoritária com biodiesel derivado de soja.

Em contrapartida, o biodiesel apenas de óleo de soja não apresenta esse problema de congelamento; porém, devido ao maior número de insaturações nas moléculas da mistura, possui menor estabilidade oxidativa, além de a soja apresentar um maior custo produtivo do que o sebo bovino.

Então, para balancear as características físico-químicas do biodiesel, a mistura de soja (em aproximadamente 71%, podendo variar em função da época do ano, clima, temperatura da região, oferta de matéria-prima e custo produtivo) e sebo bovino (aproximadamente 11%, porém variável por região, época do ano, entre outras condições) apresenta aspectos interessantes para o uso como combustível, sendo adicionada ao diesel em misturas percentuais.

A partir do início do Programa Nacional de Produção e Uso do Biodiesel (PNPB), em 2004, a porcentagem de biodiesel foi gradativamente aumentada, de inicialmente 2% em 2008, denominado B2, até 13% (B13) em 2021. Porém, nesse mesmo ano, houve um retrocesso para 10% (B10), devido à alta exportação de grãos de soja e à produção de óleo para uso alimentício, com menor oferta para o mercado interno, gerando um aumento no preço do óleo de soja, que estava se refletindo no preço final do diesel. Para normalizar os preços e conter a inflação, o governo diminuiu a porcentagem obrigatória de biodiesel adicionado ao diesel. Após a normalização dos preços, o teor foi aumentado para 12% em 2023 e 14% em 2024.

De acordo com a Agência Nacional do Petróleo, Gás Natural e Biocombustíveis (ANP), existem diversos ensaios analíticos que devem ser efetuados para garantir a qualidade do biodiesel. Entre eles, está a cromatografia a gás com detecção de ionização por chama (GC-FID). Essa análise tem como objetivo determinar o teor de ésteres totais na mistura, sendo 96,5% $m.m^{-1}$ o valor mínimo aceito pela norma .

O teor de ésteres seria semelhante à análise de pureza, em que o analito necessita apresentar o valor mínimo descrito acima; porém, no caso de o biodiesel ser uma mistura, o valor final é calculado por meio da somatória de todos os ésteres presentes na amostra, aplicando-se a Fórmula 3.1.

$$\text{Teor de ésteres} = \frac{\sum (\text{Áreas dos ésteres}) \,.\, m(pi) \,.\, 100}{Api2}$$

Fórmula 3.1 Cálculo do teor de ésteres ($\%m.m^{-1}$).

Onde:
m(pi) = massa do padrão interno (C19);
m(biod.) = massa do biodiesel; e
Api = área do padrão interno (C19).

Para essa análise, o catalisador foi neutralizado e a amostra foi lavada várias vezes e seca em evaporador rotativo previamente. Pesaram-se valores próximos de 50 mg do PI (nonadecanoato de metila – C19) e de 50 mg de biodiesel, diluídos em 10 mL de heptano de alta pureza. Dependendo da resposta do FID, pode-se utilizar 25 mg do PI e 25 mg de biodiesel, diluídos em 10 mL de heptano. As condições cromatográficas foram descritas na Tabela 3.22 e o resultado da análise resultou no cromatograma da Figura 3.7 (biodiesel metílico de óleo de semente de goiaba).

Tabela 3.22 Condições cromatográficas

Componente	Condições/características
Coluna	Fase Wax, 30 m, 0,25 mm, 0,25 µm
Injetor	240 °C
Split	50:1
Injeção	1 µL
Gás de arraste	He
Fluxo	1 mL.min^{-1}
Forno	60 °C (2 min.), 10 °C/min. até 200 °C, 5 °C/min. até 240 °C, 240 °C (10 min.)
FID	250 °C
H_2	35 mL.min^{-1}
Ar sintético	350 mL.min^{-1}
N_2	30 mL.min^{-1}

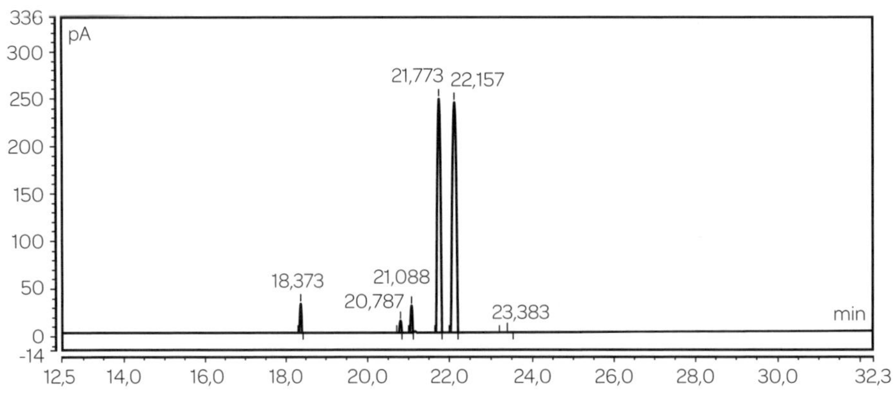

Figura 3.7 Biodiesel metílico de óleo de semente goiaba.

Com o uso prévio de padrões analíticos, determinaram-se os tempos de retenção dos compostos; a Tabela 3.23 representa os resultados das integrações das áreas dos picos dos analitos do cromatograma.

Tabela 3.23 Biodiesel metílico de óleo de semente de goiaba

TR (min.)	Analito	Área (u.a.)
18,37	C16	0,9377
20,78	C18	0,4464
21,09	C18:1	1,0207
21,77	C18:2	12,1473
22,16	PI	14,1742

Nessa análise, as massas do PI e do biodiesel foram, respectivamente, 51,7 mg e 53,9 mg. Os valores de massa e área foram substituídos na fórmula e o teor de ésteres obtido foi de 98,48% $m.m^{-1}$, ou seja, o biodiesel está de acordo com a especificação da ANP para esse item avaliado.

Além do teor de ésteres, com os resultados cromatográficos é possível discriminar a composição do biodiesel e determinar a origem da matéria-prima. Nessa análise, o biodiesel experimental de óleo de goiaba apresentou o seguinte perfil composicional (Tabela 3.24).

Tabela 3.24 Biodiesel metílico de óleo de semente de goiaba

Analito	Área relativa (%)	Teor de ésteres (% $m.m^{-1}$)
C16	6,44	6,35
C18	3,07	3,02
C18:1	7,01	6,91
C18:2	83,47	82,20
Total	100,00	98,48

O cálculo da porcentagem de área relativa é semiquantitativo, pois não considera a área do padrão interno, normalizando a somatória dos picos da amostra em 100%. A análise quantitativa é com o uso do padrão interno, cujos valores estão representados na coluna de teor de ésteres.

O problema dos resultados semiquantitativos é que não consideram o fator de resposta dos analitos e os demais componentes na amostra – por exemplo, componentes não voláteis ou que não apresentam sinal no detector utilizado –, inferindo em erro analítico. Para essa amostra, os valores de erro absoluto e relativo foram calculados na Tabela 3.25.

Tabela 3.25 Valores de erro absoluto e relativo

Analito	Área rel. (%)	Teor de ésteres (% m.m^{-1})	Erro absoluto	Erro relativo (%)
C16	6,44	6,35	+0,09	+1,42
C18	3,07	3,02	+0,05	+1,66
C18:1	7,01	6,91	+0,10	+1,45
C18:2	83,47	82,20	+1,27	+1,55
	100,00	98,48	+1,52	+1,54

Observou-se que os resultados apresentaram consideráveis valores de erro para cromatografia a gás, principalmente para os erros relativos por analito. As variações do equipamento, em conjunto com a não utilização do padrão interno e do cálculo dos fatores de resposta, induziram aos valores de erro analítico para essa amostra de biodiesel, considerando-se apenas as áreas relativas dos analitos. Então, deve-se ter muita cautela com as análises por área relativa, pois não representam os valores reais dos analitos, apenas uma relação em porcentagem.

Para essas análises, o uso do padrão interno é necessário para corrigir os erros e compensar as variações do método utilizado, com fator de resposta semelhante aos analitos, uma vez que o padrão interno é um éster com massa molecular próxima aos demais compostos da mistura, aplicado para determinar as concentrações dos analitos nas amostras com alta exatidão e precisão.

Como observação sobre o biodiesel experimental obtido, o alto teor de moléculas insaturadas provavelmente irá reduzir drasticamente a estabilidade oxidativa. Para confirmar essa hipótese, a análise da estabilidade poderá ser efetuada no Rancimat, e é verificado se a amostra não irá oxidar em período inferior a 8 ou 12 horas de análise (conferir legislação vigente na ANP).

A presença de moléculas insaturadas decorre da fonte de origem, e alguns vegetais produzem maior ou menor quantidade desses compostos, além de métodos de extração, altas temperaturas, acidez (ácidos graxos livres), degomagem, presença de oxigênio, longo tempo de armazenamento desde a colheita da semente, entre outros fatores.

Para efeito comparativo, sintetizou-se uma amostra de biodiesel etílico proveniente de óleo de soja. Pesou-se 400 mg de KOH (90% de pureza), adicionou-se 14,20 mL de etanol anidro (99,5% de pureza) e agitou-se a mistura por 10 minutos. Depois, adicionou-se 40 mL de óleo de soja, fechou-se o reator e a reação química de transesterificação ocorreu durante duas horas, a 65 °C e 200 rpm de agitação.

Após a reação, removeu-se a glicerina em um funil de separação e procederam-se as etapas de neutralização do catalisador e lavagem do biodiesel com soluções diluídas de HCl e concentrada de NaCl, realizando-se a lavagem final com água destilada, três vezes. A amostra foi seca em rotoevaporador a 80 °C sob vácuo, durante uma hora. A diluição foi de 25 μL de amostra em 25 mL de etanol anidro, para posterior injeção no GC-FID.

Observou-se um discreto aumento nos tempos de retenção dos analitos em comparação com o biodiesel produzido com metanol, devido à substituição dos grupos metílicos por etílicos, com discreto aumento da temperatura de ebulição dos compostos, resultando em tempos de retenção ligeiramente maiores. Os resultados foram representados no cromatograma (Figura 3.8) e no perfil composicional (Tabela 3.26).

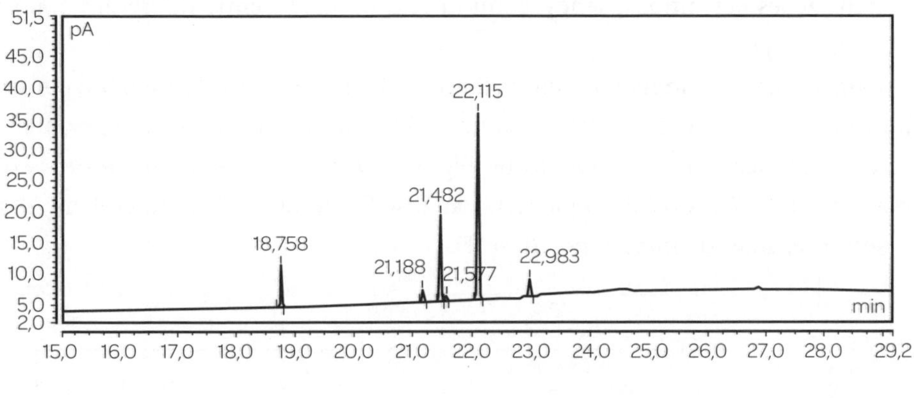

Figura 3.8 Biodiesel etílico de óleo de soja.

Tabela 3.26 Perfil composicional do biodiesel etílico de soja

TR (min.)	Analito	Área relativa (%)
18,75	C16	10,18
21,18	C18	3,61
21,48	C18:1 (cis-9)	24,84
21,57	C18:1 (cis-11)	1,36
22,11	C18:2	54,61
22,98	C18:3	5,40

De acordo com referências bibliográficas e o *Codex Alimentarius*, o óleo de soja pode apresentar em sua composição as seguintes faixas de porcentagens relativas: 8,0 a 13,5% de C16; 2,0 a 5,4% de C18; 17,0 a 30,0% de C18:1; 48,0 a 59,0% de C18:2 e 4,5 a 11,0% de C18:3, com resultados médios de uma grande quantidade de amostras igual a 10,5% de C16; 3,5% de C18; 24,5% de C18:1; 54,5% de C18:2 e 6% de C18:3.

Como observação, no cromatograma, a "subida" da linha base é um fenômeno comum, uma vez que é reflexo da rampa de aumento de temperatura. Nesse caso, foi observada, devido à escala menor do cromatograma, maior diluição de amostra. Nos minutos finais do cromatograma, a linha base estabilizou-se, devido à constante manutenção da temperatura em 240 °C.

Comparando-se os resultados médios da literatura com a análise realizada, conclui-se que os valores foram muito próximos e estão de acordo com a norma internacional de faixas de concentração, sendo as pequenas diferenças atribuídas a tipo de semente, região de plantio, características do solo, alterações climáticas, índices pluviométricos, entre outros fatores. Os resultados estão de acordo com as faixas de concentrações permitidas, sendo comum essa oscilação entre diferentes amostras de óleo de soja.

Para verificação do método com etanol, utilizou-se 10 mL de metanol em substituição ao volume de 14,20 mL de etanol anidro utilizado anteriormente, obtendo-se o cromatograma representado na Figura 3.9 de biodiesel metílico de óleo de soja (Tabela 3.27). A diluição para essa análise foi de 75 µL de biodiesel em 25 mL de solvente, antes da injeção no GC-FID.

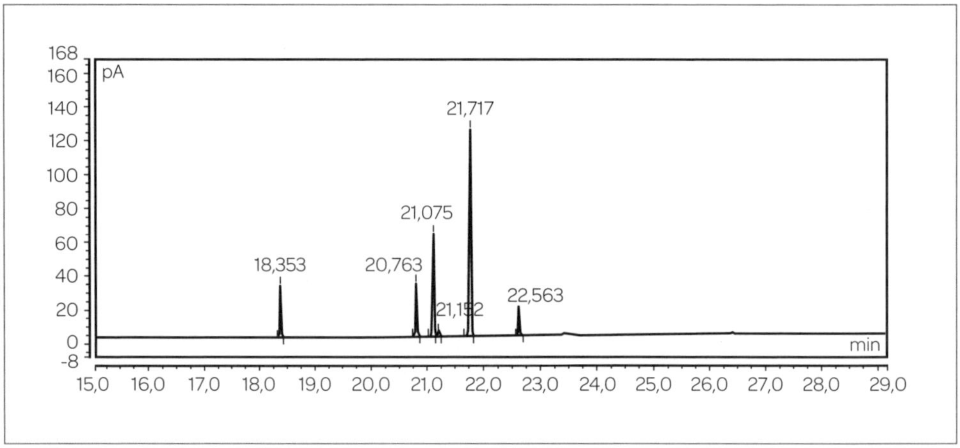

Figura 3.9 Biodiesel metílico de óleo de soja.

Tabela 3.27 Perfil composicional do biodiesel metílico de soja

TR (min.)	Analito	Área relativa (%)
18,35	C16	10,53
20,76	C18	3,60
21,07	C18:1 (cis-9)	24,04
21,15	C18:1 (cis-11)	1,26
21,72	C18:2	54,83
22,56	C18:3	5,74

Comparando-se os valores obtidos nos resultados, concluiu-se que foram muito próximos entre os dois métodos utilizados, com discretas oscilações, devido às pequenas flutuações do injetor, do detector e eletrônicas, e aos fatores de resposta das moléculas etílicas serem discretamente diferentes das metílicas.

Uma amostra de biodiesel produzido em uma empresa que está desenvolvendo uma nova rota de síntese foi analisada, pesando-se valores próximos de 25 mg do PI (nonadecanoato de metila – C19) e de 25 mg do biodiesel, diluídos em 10 mL de heptano de alta pureza. Os resultados foram representados na Figura 3.10 e na Tabela 3.28.

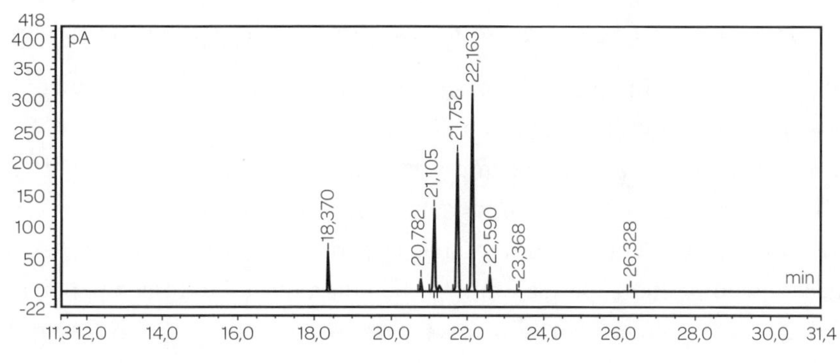

Figura 3.10 Biodiesel experimental metílico de óleo de soja.

Tabela 3.28 Biodiesel experimental metílico de óleo de soja

TR (min.)	Analito	Área (u.a.)	Área relativa (%)
18,37	C16	1,9574	10,08
20,78	C18	0,6876	3,54
21,11	C18:1 (cis-9)	5,1687	26,62
21,17	C18:1 (cis-11)	0,2330	1,20
21,75	C18:2	10,4764	53,95
22,16	C19 (PI)	20,6165	-
22,59	C18:3	0,8946	4,61

O cálculo do teor de ésteres foi efetuado, resultando em 94,19% $m.m^{-1}$, ou seja, a empresa foi informada sobre o valor obtido, tendo que adequar o processo produtivo; isso porque a norma brasileira exige que a porcentagem mínima para a comercialização do biodiesel no Brasil seja de 96,5% $m.m^{-1}$, além das demais caracterizações obrigatórias pela ANP.

Além do teor de ésteres, a cromatografia a gás com detector de ionização por chama pode ser utilizada com um injetor *headspace* para as análises de metanol e etanol residuais em amostras de biodiesel, sendo essa análise também obrigatória pela ANP.

AZEITE: EXTRAVIRGEM, VIRGEM, COMPOSTO OU ADULTERADO

O azeite faz parte da alimentação humana desde os tempos mais antigos, com possível origem na Mesopotâmia, sendo países como Grécia, Itália, Espanha, Turquia e Portugal consideráveis produtores mundiais. Também existem alguns países produtores na América do Sul, como Uruguai, Chile e Argentina.

Com o progresso e a evolução humana, a produção de azeite foi aperfeiçoada e teve sua escala aumentada, para garantir a demanda mundial. Infelizmente, azeites de qualidade são produzidos em climas temperados, não sendo possível a produção no Brasil. Como exceção, existem duas regiões brasileiras com microclimas favoráveis que produzem azeites de alta qualidade; porém, não é possível a produção de grandes volumes anuais.

Devido ao clima necessário para o cultivo das oliveiras, o azeite consumido no Brasil é praticamente importado. O custo produtivo, as altas taxas de importação e a perda de capital na conversão das moedas estrangeiras elevam o preço do produto, além das questões de pureza e de qualidade.

Existem três classificações para o tipo de azeite: extravirgem, virgem e lampante. Quando é feita a adição de algum outro óleo vegetal – por exemplo, óleo de soja, para diminuir custos –, é denominado óleo composto.

O azeite extravirgem é o tipo mais nobre, puro, com menor acidez livre e maior qualidade, cujo processo de extração é efetuado por "prensagem a frio", ou seja, em temperatura inferior a 27 °C, para preservar os compostos palatáveis e o aroma característico.

O procedimento é efetuado com olivas selecionadas, sem nenhum dano físico, defeito ou grau de maturação precoce ou tardio. A extração é sem uso de solventes e, quanto menor a temperatura, menor é a conversão dos triglicerídeos em ácidos graxos livres (menor acidez).

O azeite virgem apresenta qualidade um pouco inferior ao extravirgem, com acidez um pouco superior e discreta oxidação (formação de cetonas, dienos e trienos). O lampante, que não deve ser consumido, era antigamente utilizado como combustível para lamparinas, o que originou a denominação lampante.

Devido ao alto custo dos azeites, alguns produtores ou comerciantes sem ética promovem a adulteração com variadas substâncias, como óleos usados, solventes baratos, óleos de outros vegetais, adição de azeite virgem no extravirgem. Antes do desenvolvimento dos métodos analíticos atuais, houve casos de fraudes com pequenas frações de óleos lubrificantes automotivos, para o escurecimento dos óleos vegetais, que são geralmente amarelados, para atribuir tons esverdeados ou mais escuros.

Recentemente, no Brasil, o Ministério de Agricultura, Pecuária e Abastecimento (Mapa) suspendeu a comercialização de 24 marcas de azeite com suspeitas de fraude, problemas no processo produtivo, registro irregular ou proveniência de contrabando de outros países. Com isso, um rígido controle de qualidade deve ser efetuado para as amostras de azeite. Uma das principais análises para a determinação da qualidade é a cromatografia a gás, em que os componentes do azeite podem ser determinados com precisão e exatidão.

A Figura 3.11 representa um cromatograma de uma amostra de azeite extravirgem, produzido em Portugal. Conforme explicado anteriormente, foi possível observar o efeito da menor escala do cromatograma, por maior diluição da amostra, com "subida" da linha base pela rampa de temperatura; este é um fenômeno já esperado, com estabilização nos minutos finais devido à temperatura constante.

Para esse tipo de análise, é necessário inicialmente o preparo da amostra – conversão dos triglicerídeos de altas massas moleculares em ésteres com menores massas moleculares –, com o objetivo de diminuir o ponto de ebulição dos componentes do azeite, para que estes possam ser evaporados no injetor do GC e eluir por meio da coluna.

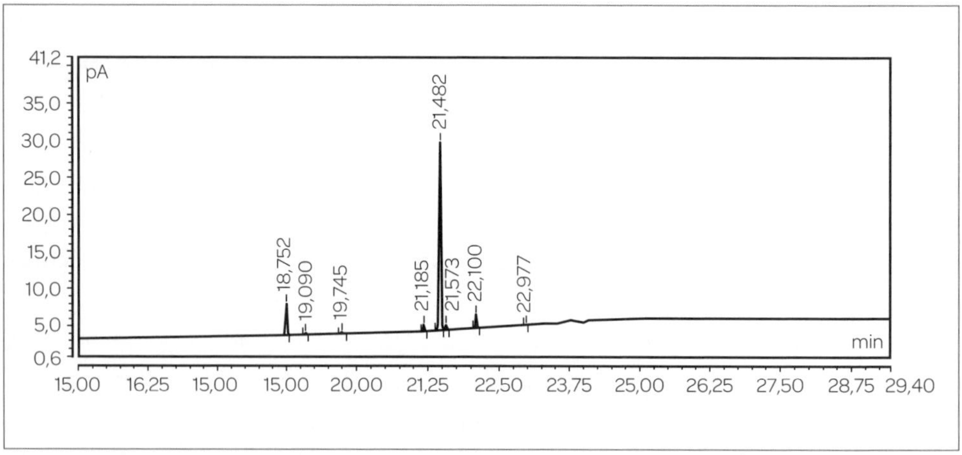

Figura 3.11 Azeite extravirgem de Portugal.

Existem duas possibilidades para o preparo das amostras antes da análise no GG: a primeira é com o uso de derivatizantes e a segunda, por meio da reação de transesterificação. Pode-se utilizar o agente derivatizante BSTFA – N,O-Bis(trimethylsilyl)trifluoroacetamide –, trifluoreto de boro em metanol ou hidróxido/metóxido de potássio em metanol.

Neste trabalho, optou-se por desenvolver e validar um método mais simples, fácil e com uso de substâncias menos tóxicas ou reativas, com menor custo de obtenção, aplicando-se o princípio de método QuEChERS (*quick, easy, cheap, effective, rugged, and safe*). Utilizou-se etanol anidro e hidróxido de potássio para a obtenção inicial do etóxido de potássio, para ser utilizado como catalisador.

Após isso, adicionou-se a amostra de azeite para ocorrer a reação de transesterificação, reagindo-se os triglicerídeos presentes no azeite com etanol anidro, obtendo-se os ésteres etílicos provenientes dos componentes iniciais dos triglicerídeos. O catalisador foi neutralizado e a amostra foi lavada diversas vezes e seca em evaporador rotativo. A diluição foi de 25 μL de amostra em 25 mL de etanol anidro e os resultados da cromatografia foram representados na Tabela 3.29.

Tabela 3.29 Azeite extravirgem de Portugal

TR (min.)	Analito	Área relativa (%)
18,75	C16	10,88
19,09	C16:1	0,83
21,18	C18	2,99
21,48	C18:1 (cis-9)	75,78
21,57	C18:1 (cis-11)	1,95
22,10	C18:2	6,14
22,97	C18:3	0,52

De acordo com a normativa internacional do *Codex Alimentarius*, a composição majoritária de ácidos graxos que compõe os triglicerídeos deve ser nas seguintes faixas percentuais: C16:0 entre 7,5 e 20,0%, C16:1 entre 0,3 e 3,5%, C18:0 entre 0,5 e 5,0%, C18:1 entre 55,0 e 83,0%, C18:2 entre 3,5 e 21,0% e C18:3 de acordo com a legislação do país de origem.

Utilizando-se a instrução normativa brasileira de Ministério da Agricultura, Pecuária e Abastecimento (Mapa), a porcentagem de C18:3 deverá ser menor ou igual a 1,0%. Os resultados indicaram que, para essa análise composicional, o azeite pode ser considerado extravirgem.

Em relação à informação nutricional, os resultados obtidos nesse estudo por GC-FID foram comparados com as informações presentes no rótulo do azeite, sendo representados na Tabela 3.30. Observou-se que os resultados foram muito próximos, indicando que a amostra de azeite realmente apresentou a composição informada no rótulo.

Tabela 3.30 Azeite extravirgem de Portugal

Moléculas	Rótulo (%)	GC-FID (%)
Saturadas	13,83	13,87
Monoinsaturadas	78,50	78,56
Poli-insaturadas	6,67	6,66

Para efeito comparativo, as diferenças entre azeite de oliva e óleo de soja foram demonstradas na Tabela 3.31. Então, se ocorrer algum tipo de fraude, na qual o produtor distribua ou o comerciante adicione óleo de soja ao azeite de oliva, os seguintes parâmetros serão indicativos da atividade ilícita: concentrações de C18:1, C18:2 e C18:3.

Tabela 3.31 Comparação entre óleo de soja e azeite de oliva

Analito	Oliva: Área rel. (%)	Soja: Área rel. (%)
C16	10,88	10,18
C16:1	0,83	n.d.
C18	2,99	3,61
C18:1 (cis-9)	75,78	24,84
C18:1 (cis-11)	1,95	1,36
C18:2	6,14	54,61
C18:3	0,52	5,40
Saturadas	13,87	13,79
Mono-insaturadas	78,56	26,20
Poli-insaturadas	6,66	60,01

Comparando-se os valores para moléculas saturadas e insaturadas, observou-se que o azeite de oliva apresentou uma maior concentração de moléculas monoinsaturadas e um valor inferior ao óleo de soja para moléculas poli-insaturadas. Em relação às moléculas "trans", que podem causar danos à saúde humana - como diminuição do colesterol bom, aumento do colesterol ruim e podendo causar entupimento de vasos sanguíneos –, as amostras não apresentaram picos relativos nos cromatogramas.

Em comparação com a cromatografia a gás, as análises para determinação de gorduras "trans" também podem ser efetuadas por meio da espectroscopia por absorção molecular na região do infravermelho médio ou próximo (FTIR ou NIR).

Além da análise composicional, outros fatores devem ser avaliados, como acidez (o azeite de oliva extravirgem deve apresentar acidez livre expressa como ácido oleico inferior a 0,8 mg por 100 g de amostra), características organolépticas, concentração de ácidos graxos "trans", concentração de ceras, índice de peróxidos, espectroscopia na região do ultravioleta e visível (UV-Vis: delta K, índice de extinção e absorbâncias em comprimentos de onda específicos), entre outros. Os limites e métodos utilizados estão presentes no *Codex Alimentarius* e na normativa brasileira vigente para análises de azeites.

CAPÍTULO 4
Cromatografia a gás acoplada à espectrometria de massa (GC-MS)

Como já foi descrito anteriormente o funcionamento básico de um cromatógrafo a gás com detector de ionização por chama (GC-FID), a diferença do cromatógrafo a gás acoplado à espectrometria de massa (GC-MS) é o detector utilizado.

O espectrômetro é superior ao FID em diversos aspectos, como possibilidade de realizar a análise qualitativa dos analitos por meio dos fragmentogramas e bibliotecas espectrais. O limite de detecção é muito melhor, sendo, em alguns casos, até partes por bilhão (ppb) ou partes por trilhão (ppt), detecta moléculas em que no FID não é emitido sinal; enfim, o único problema comparado ao FID é o custo extremamente superior.

Porém, para centros de pesquisa, universidades, análises específicas, química forense, análises ambientais, análises de toxinas em alimentos e bebidas, determinação de pesticidas residuais, suspeita de doping e drogas em pessoas, poluentes atmosféricos, entre outras aplicações, o uso do espectrômetro de massa é justificado.

A configuração mais simples do espectrômetro consiste em uma interface de conexão entre o GC e o MS, filamentos para causar o impacto eletrônico na saída da coluna, assim que os analitos chegam ao detector, bomba de alto vácuo, quadrupolo e detector.

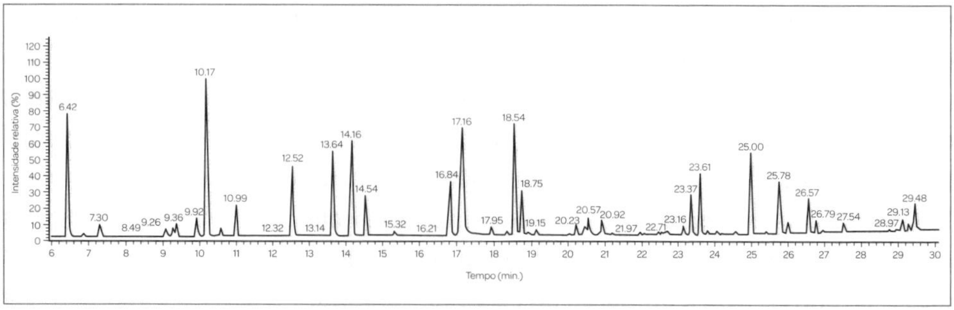

Figura 4.1 Café 100% arábica, da região da Alta Mogiana.

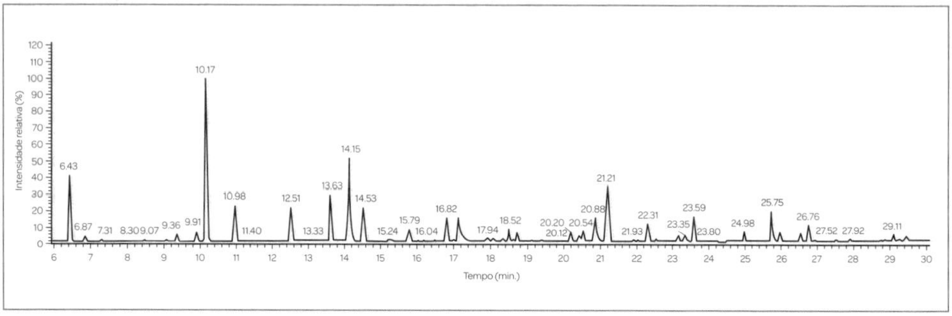

Figura 4.2 Café robusta misto (*blend*), do interior de São Paulo.

A maioria dos compostos nos cromatogramas é formada por meio de reações químicas de pirólise durante a torrefação do café, em função das temperaturas selecionadas e do tempo de permanência durante a torrefação, assim como o grau de torra, em que diversas reações químicas, incluindo as reações de Maillard, promovem a formação de diversas moléculas, como aldeídos, ésteres, cetonas e compostos nitrogenados.

Por meio da integração dos picos e cálculos das áreas relativas, determinaram-se as diferenças nos tipos de grãos, em triplicata, com base em quatro amostras para cafés 100% arábica e quatro amostras para cafés robusta mistos. Os resultados médios foram compilados nas Tabelas 4.2 e 4.3, com os respectivos aromas para as substâncias determinadas com o uso da biblioteca espectral Nist.

Tabela 4.2 Café 100% Arábica

Aroma	Composto	TR (min.)	Amostras 100% Arábica Área rel. (%)			
		3,97	-	-	-	-
		5,81	-	-	-	-
Grama "cortada"	Acetaldeído	6,43	9,28	7,35	5,38	5,56
		6,87	0,09	0,11	0,01	0,07
		7,31	0,63	0,78	0,11	0,38
		9,07	0,32	2,16	1,14	2,65
		9,26	0,39	0,18	0,07	0,02
		9,36	0,73	0,55	0,74	0,29
		9,91	1,24	1,33	1,05	0,99
Solvente	Acetona	10,17	12,3	14,74	19,40	12,70
		10,59	0,33	0,02	-	-
Solvente, frutado	Acetato de metila	10,98	2,15	3,90	4,66	3,25
	2-metil-propanal	12,51	5,53	2,77	3,43	2,01
	3-metil-furano	13,63	6,03	7,57	8,05	5,71
"Amanteigado"	2,3-butanodiona	14,15	7,03	5,25	3,83	4,53
	2-butanona	14,53	2,73	4,73	3,85	4,10
		15,32	0,14	0,04	-	0,04
		15,79	-	-	-	-
	3-metil-1-butanal	16,82	3,96	3,19	2,51	2,74
		17,01	-	-	-	-
		17,08	-	1,80	-	-
Chocolate	2-metil-1-butanal	17,14	10,10	5,91	6,61	6,92
		17,62	-	-	-	-
		17,94	0,35	0,81	0,69	0,83
		18,1	-	-	-	-
		18,34	0,06	0,2	0,15	0,19
"Adocicado"	2,3-pentanodiona	18,52	7,63	4,43	2,58	4,19
		18,67	-	0,08	0,05	0,08
Caramelo	1-hidroxi-2-propanona	18,73	2,81	1,45	1,43	2,06
		18,84	-	-	-	-
		19,15	0,19	0,31	0,10	0,33
	Pirazina	20,20	0,50	0,76	1,06	0,93
		20,44	0,56	0,64	0,71	0,84
"Amadeirado"	1-metil-1H-pirrol	20,54	0,97	1,76	1,44	1,86
Peixe	Piridina	20,88	0,71	2,89	3,52	4,41
		21,21	-	-	-	-

Tabela 4.2 Café 100% Arábica

Aroma	Composto	TR (min.)	Amostras 100% Arábica Área rel. (%)			
		22,31	-	-	-	-
		22,55	-	0,19	-	0,18
		23,16	0,43	0,56	0,46	0,65
Pão	2-metil-dihidro-3(2H)-furanona	23,35	2,60	2,61	2,44	3,21
Nozes	Metil-pirazina	23,59	4,12	4,14	5,24	5,42
		23,81	0,05	0,12	0,04	0,16
		24,49	0,06	-	-	-
		24,76	-	-	-	-
Amêndoas, pão	Furfural	24,98	5,54	2,74	2,98	3,77
		25,44	-	0,09	-	0,04
Pão	2-furanmetanol	25,75	3,39	4,58	5,32	6,75
		25,98	0,53	1,30	1,22	1,68
Chocolate	2,5-dimetil-pirazina	26,54	2,29	2,29	2,38	2,97
		26,76	0,72	0,74	0,96	0,96
		26,94	0,06	0,07	0,10	0,13
		27,52	0,49	0,49	0,66	0,70
		27,92	-	-	-	-
		28,86	-	0,05	-	0,06
		28,97	-	0,08	0,07	0,14
	Acetato de 2-furanmetanol	29,11	0,62	1,81	2,52	2,41
		29,27	0,3	0,28	0,42	0,36
Amêndoas	5-metil-2-furancarboxaldeído	29,45	1,91	1,89	2,29	2,49
		30,84	-	0,08	0,20	0,13
		31,45	-	-	-	-
		31,58	0,05	0,03	0,07	0,08

Tabela 4.3 Café robusta (*blend*)

Aroma	Composto	TR (min.)	Amostras robusta Área rel. (%)			
		3,97	0,17	0,13	0,14	-
		5,81	0,12	0,03	0,04	-
Grama "cortada"	Acetaldeído	6,43	7,91	7,16	6,06	2,41
		6,87	0,52	0,33	0,31	0,24
		7,31	0,12	0,22	-	-
		9,07	0,09	0,21	0,16	0,08
		9,26	-	-	-	-

Tabela 4.3 Café robusta (*blend*)

Aroma	Composto	TR (min.)	Amostras robusta Área rel. (%)			
		9,36	0,80	0,68	0,45	0,21
		9,91	1,05	0,97	0,78	0,19
Solvente	Acetona	10,17	20,48	18,9	17,89	12,76
		10,59	-	-	-	-
Solvente, frutado	Acetato de metila	10,98	4,17	5,11	4,09	7,98
	2-metil-propanal	12,51	4,41	2,91	2,82	0,86
	3-metil-furano	13,63	5,60	4,47	4,51	3,55
"Amanteigado"	2,3-butanodiona	14,15	10,88	11,23	11,42	11,83
	2-butanona	14,53	4,03	3,03	3,40	2,11
		15,32	-	-	-	-
		15,79	1,76	1,61	2,24	2,85
	3-metil-1-butanal	16,82	2,90	1,49	2,02	0,49
		17,01	0,10	1,89	0,05	-
		17,08	-	-	-	-
Chocolate	2-metil-1-butanal	17,14	2,80	2,41	2,10	0,55
		17,62	-	0,49	-	-
		17,94	0,24	0,15	0,29	0,09
		18,1	0,06	0,12	0,11	0,18
		18,34	0,18	0,72	0,17	0,04
"Adocicado"	2,3-pentanodiona	18,52	1,27	1,52	0,97	0,19
		18,67	-	-	-	-
Caramelo	1-hidroxi-2-propanona	18,73	0,90	1,16	0,90	0,67
		18,84	-	0,27	-	-
		19,15	-	-	-	-
	Pirazina	20,20	1,04	0,89	1,18	1,04
		20,44	0,89	0,67	0,76	0,44
"Amadeirado"	1-metil-1H-pirrol	20,54	1,17	1,21	1,65	1,34
Peixe	Piridina	20,88	2,63	4,10	5,92	19,37
		21,21	7,62	7,82	9,84	12,52
		22,31	2,11	2,3	2,73	3,49
		22,55	0,15	0,27	0,11	0,51
		23,16	0,68	0,68	1,00	1,01
Pão	2-metil-dihidro-3(2H)-furanona	23,35	0,50	0,64	0,87	0,27
Nozes	Metil-pirazina	23,59	2,82	2,77	3,4	2,46
		23,81	-	-	-	-

Tabela 4.3 Café robusta (*blend*)

Aroma	Composto	TR (min.)	Amostras robusta Área rel. (%)			
		24,49	-	0,81	-	-
		24,76	-	0,41	-	-
Amêndoas, pão	Furfural	24,98	0,97	0,88	0,85	0,29
		25,44	-	-	-	-
Pão	2-furanmetanol	25,75	3,19	3,38	3,49	3,14
		25,98	0,83	0,81	0,86	0,43
Chocolate	2,5-dimetil-pirazina	26,54	0,87	0,92	1,16	0,82
		26,76	2,12	2,15	2,75	3,21
		26,94	0,04	0,03	0,07	0,06
		27,52	0,13	0,19	0,2	0,13
		27,92	0,25	0,23	0,31	0,53
		28,86	0,01	0,01	0,02	0,09
		28,97	-	-	-	-
	Acetato de 2-furanmetanol	29,11	0,56	0,75	1,12	0,88
		29,27	0,09	0,11	0,13	0,10
Amêndoas	5-metil-2-furancarboxaldeído	29,45	0,48	0,57	0,53	0,27
		30,84	-	-	-	-
		31,45	0,14	0,09	0,11	0,17
		31,58	-	-	-	-

Algumas substâncias são consideradas como defeitos no café, devido a problemas como imaturidade do grão, região não indicada para o plantio de café de qualidade, grãos defeituosos, baixas altitudes, torra excessiva ou ineficiente, seja em temperatura ou tempo de permanência, presença de cascas e galhos, entre outros. Comparando-se os defeitos entre os grãos, quando em altas concentrações, as seguintes substâncias podem comprometer a qualidade do café: acetaldeído, acetona, piridina e furfural.

O acetaldeído em altas concentrações poderá atribuir um excessivo aroma de grama recém-cortada e, se estiver com uma concentração extremamente alta, poderá causar cefaleia. A acetona em altas concentrações irá causar uma diminuição na qualidade, devido ao aroma de solvente que poderá atribuir ao café, sendo considerado um defeito na bebida.

A piridina em alta concentração irá comprometer totalmente o aroma da bebida, com característica de odor de peixe podre. É um defeito que já foi observado em algumas amostras nesse estudo, em que, em alguns pós de café, o valor determinado no GC-MS foi extremamente alto. Nessas amostras, por meio da análise sensorial, foi possível identificar um aroma extremamente desagradável e pungente, sendo um sério defeito produtivo.

Além de comprometer o aroma, a piridina apresenta toxicidade aguda e pode afetar o sistema reprodutor masculino, podendo causar impotência sexual. De acordo com a norma NR-15 brasileira, é classificada como substância causadora de condições insalubres, com limite de 12 mg por metro cúbico de ar no local de trabalho.

Outras substâncias elevam a qualidade e diferenciam os grãos entre cafés 100% arábica e cafés robusta ou mistos, alterando o aroma e o sabor, como: 1-Butanal, 2-methyl- (chocolate), 2-Propanone, 1-hydroxy- (caramelo), Pyrazine, methyl- (nozes), Furfural (amêndoas, pão), Pyrazine, 2,5-dimethyl- (chocolate), 2,3-Pentanodione ("adocicado"), 3(2H)-Furanone, dihydro-2-methyl- (pão), 2-Furanmethanol (pão) e 2-Furancarboxaldehyde, 5-methyl- (amêndoas).

Comparando-se os valores obtidos nas análises, concluiu-se que a maior concentração dos compostos descritos acima é relativa à procedência de grãos 100% arábica. Para melhor visualização, os resultados foram plotados em gráficos com a porcentagem relativa dos compostos (Figuras 4.3 a 4.11: amostras 1, 2, 3 e 4 são de café 100% arábica e amostras 5, 6, 7 e 8 são de café robusta misto).

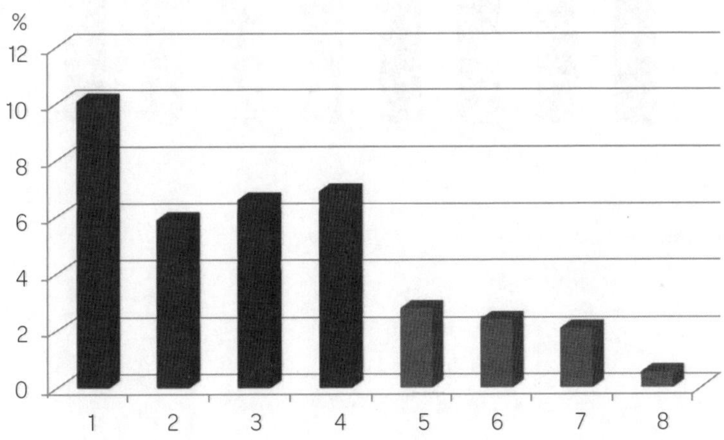

Figura 4.3 Composto: 2-metil-1-butanal (chocolate).

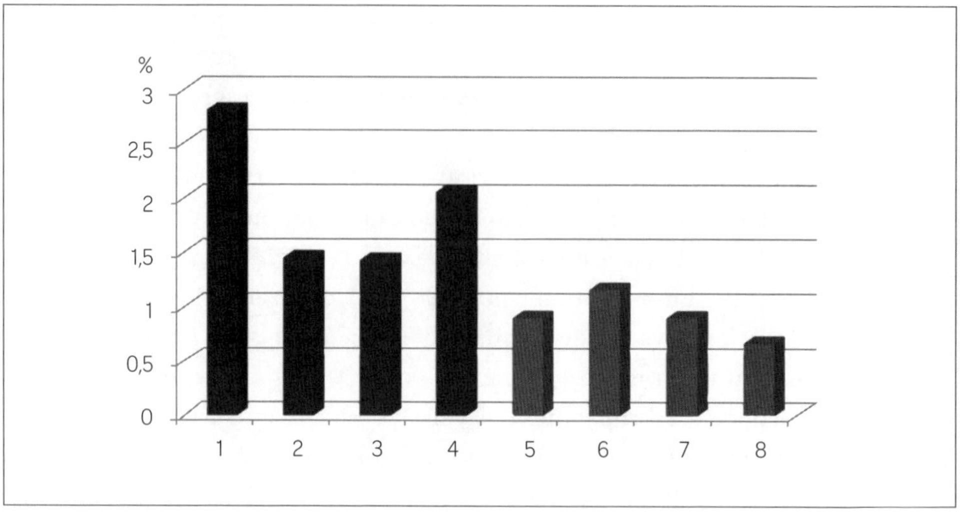

Figura 4.4 Composto: 1-hidroxi-2-propanona (caramelo).

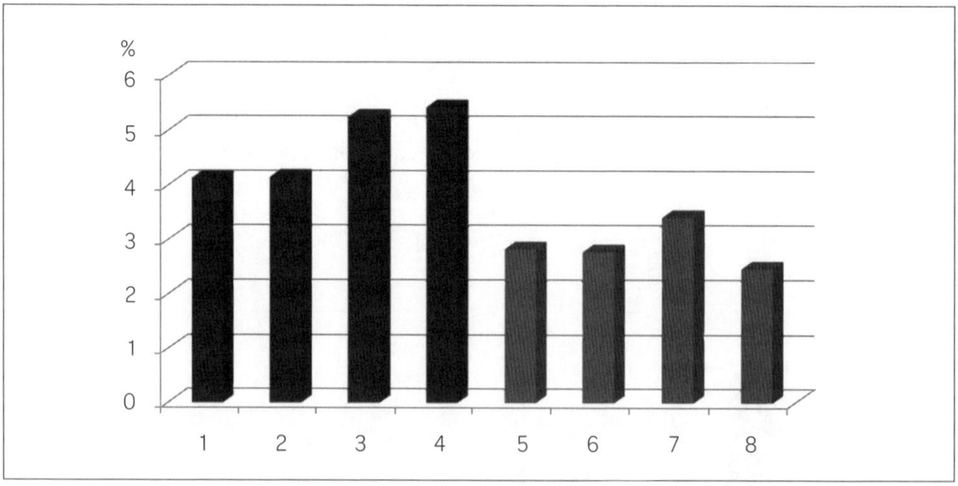

Figura 4.5 Composto: metil-pirazina (nozes).

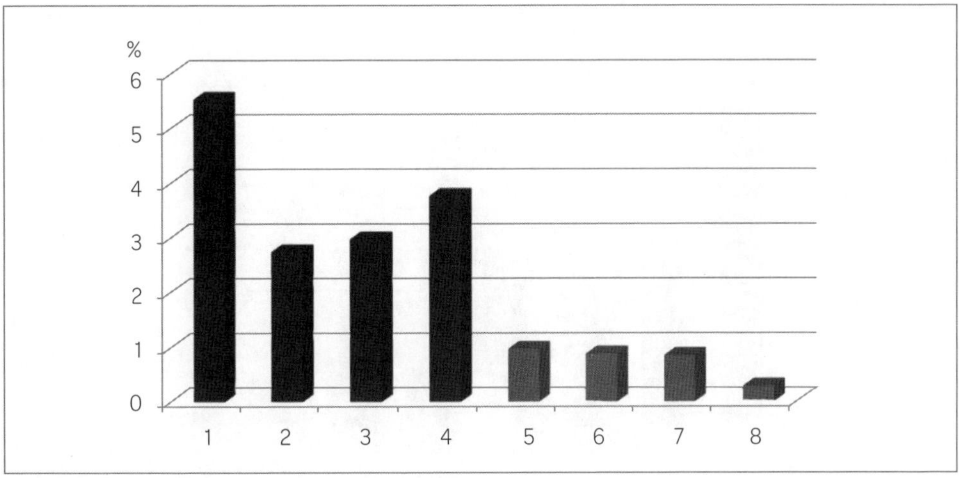

Figura 4.6 Composto: Furfural (amêndoas, pão).

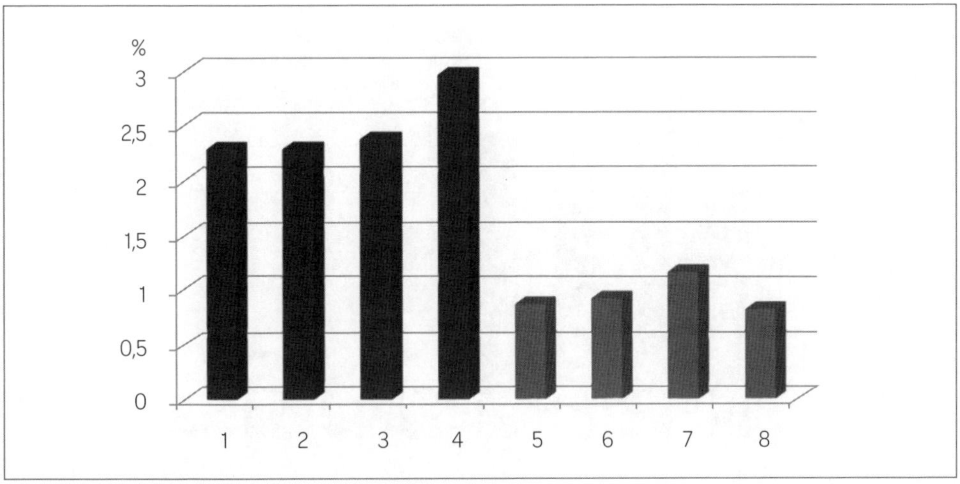

Figura 4.7 Composto: 2,5-dimetil-pirazina (chocolate).

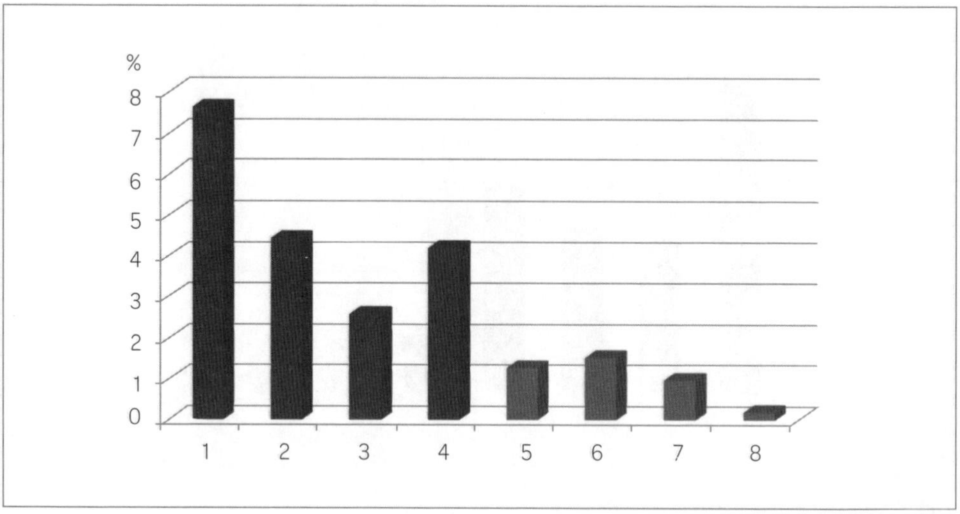

Figura 4.8 Composto: 2,3-pentanodiona ("adocicado").

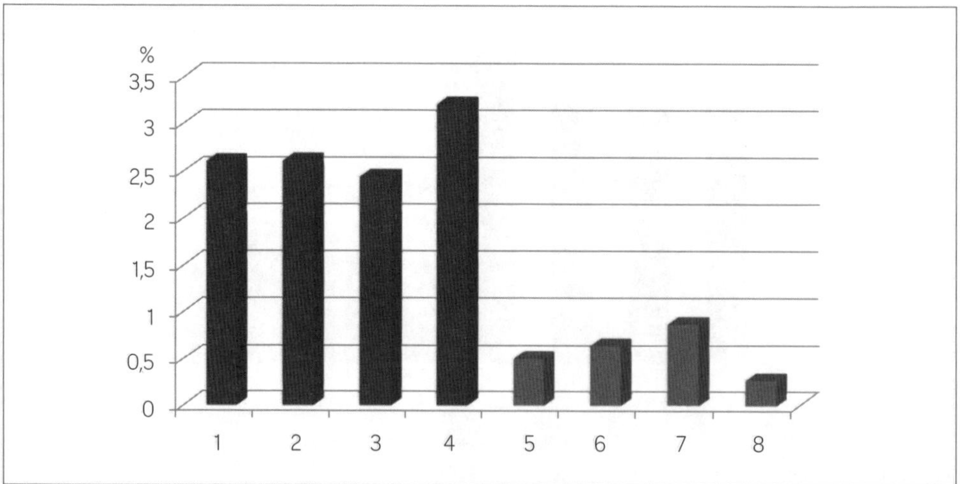

Figura 4.9 Composto: di-hidro-2-metil-3(2H)-furanona (pão).

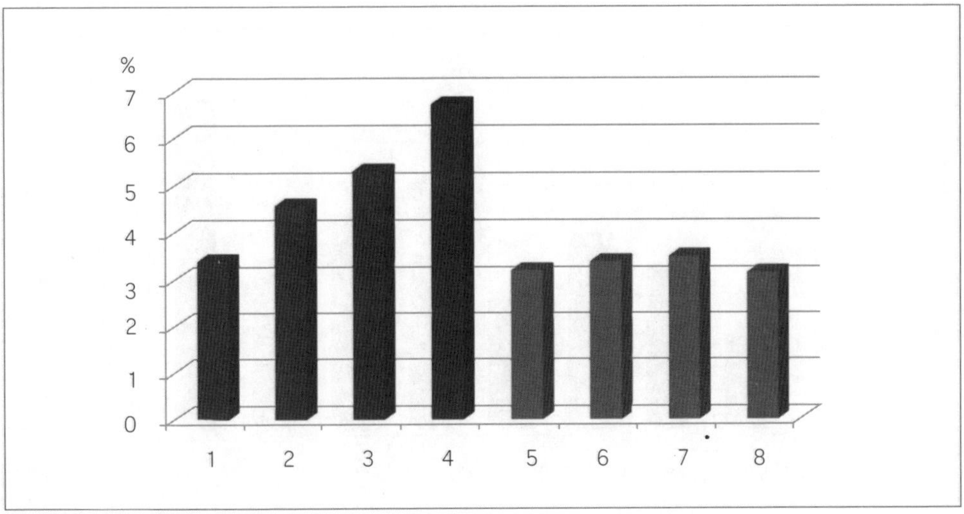

Figura 4.10 Composto: 2-furanmetanol (pão).

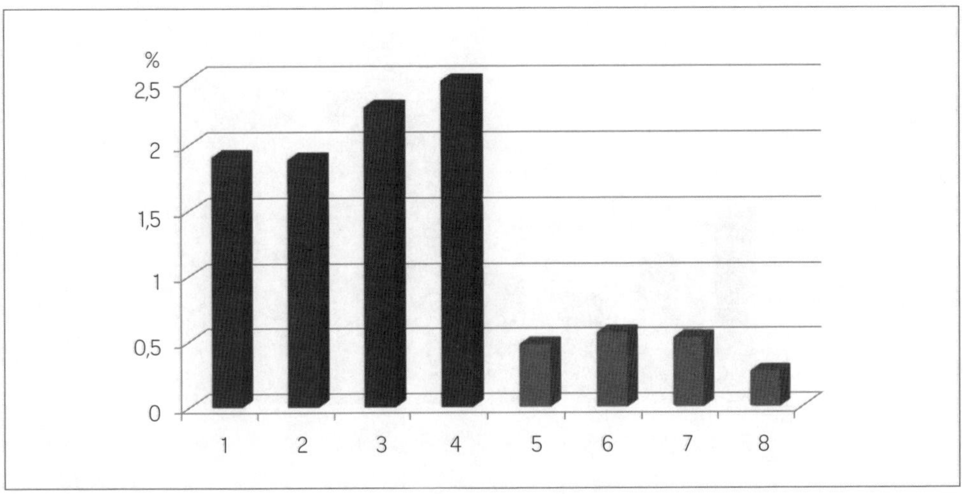

Figura 4.11 Composto: 5-metil-2-furancarboxaldeído (amêndoas).

Alguns compostos apresentaram maiores concentrações médias nas misturas de café, sendo originários do café robusta, por exemplo, os compostos: acetato de metila (aroma de solvente, frutado) e 2,3-butanodiona (aroma "amanteigado"), representados nas Figuras 4.12 e 4.13.

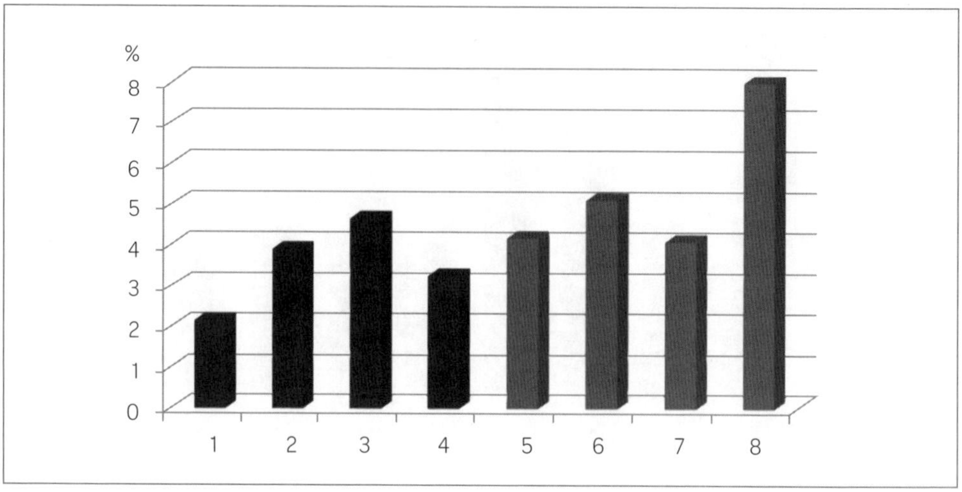

Figura 4.12 Composto: acetato de metila (solvente, frutado).

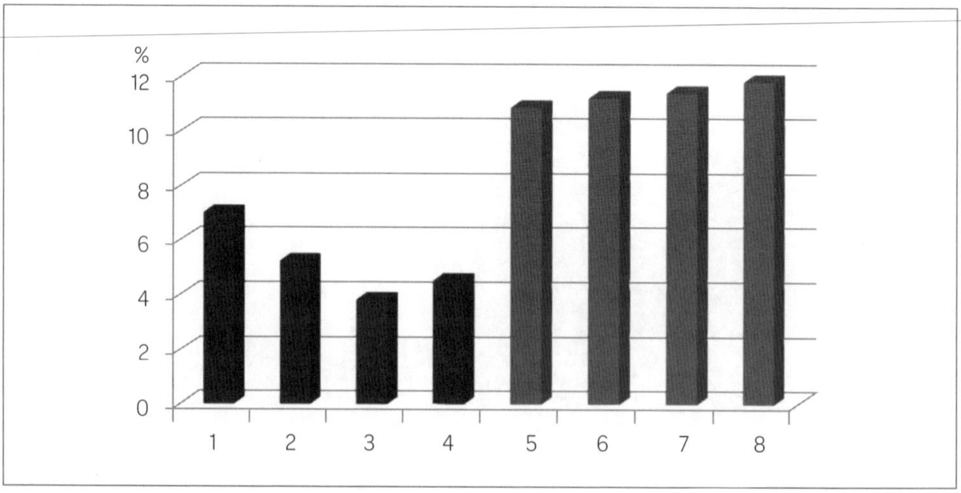

Figura 4.13 2,3-butanodiona ("amanteigado").

Outras moléculas também foram utilizadas como marcadores de procedência, em que seis compostos estavam presentes apenas nas amostras mistas e quatro compostos estavam presentes apenas nas amostras de café 100% arábica.

Foi possível também identificar fragmentos no espectrômetro de massa, relacionados como marcadores de origem. Os fragmentos 218,95 e 69,03 *m/z* apresentaram maiores intensidades nas amostras mistas e os fragmentos 253,01, 58,05 e 57,07 *m/z* foram mais intensos nas amostras de café arábica. Como uma forma de corroborar a alta presença de piridina em algumas amostras, o fragmento 79,05 *m/z* apresentou alta intensidade em cafés que continham elevada concentração dessa molécula. A

Figura 4.14 demonstra uma amostra de café com excesso de piridina, devido a algum problema produtivo - excesso de tempo ou temperatura na torrefação, ou ainda impurezas presentes antes da torrefação, que podem ter produzido a piridina.

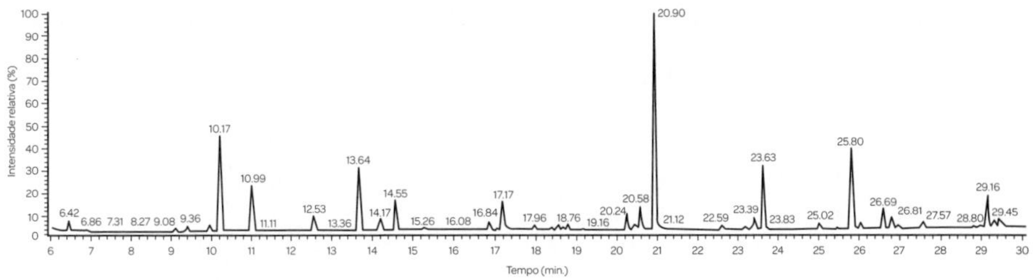

Figura 4.14 Café com excesso de piridina (pico em 20,90 min.).

Por meio do GC-MS também foi possível determinar amostras de café de regiões não recomendadas para o plantio (menor altitude) e o tempo de vida ou envelhecimento e tempo de prateleira (*shelf life*) e validade das amostras, devido à diminuição dos picos característicos dos aromas determinados anteriormente. Uma simulação de tempo de envelhecimento foi realizada e uma cinética de análises em função do tempo indicou uma diminuição mensal da concentração dos compostos nas amostras. Após um ano, os picos decresceram drasticamente, comprometendo a qualidade do café. Também foram analisados cafés de outras regiões e países, por exemplo, café da Colômbia, demonstrado na Figura 4.15.

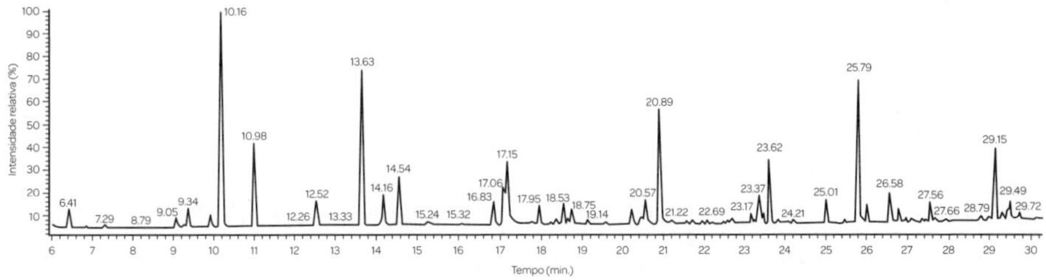

Figura 4.15 Café da Colômbia.

Uma observação em relação à substituição de colunas cromatográficas foi demonstrada nas Figuras 4.16 e 4.17. São análises de pó de café por *headspace* GC-MS, mas em colunas de marcas diferentes (coluna A e coluna B), nas quais um aumento no tempo de retenção dos analitos ocorreu, provavelmente em função de maior quantidade de fase estacionária ou melhor deposição do filme fino no interior da coluna durante o processo produtivo, com aumento de área superficial para interação dos analitos ou ligeiramente superior espessura de filme, com maior quantidade de fase. As análises foram efetuadas em triplicata e os tempos de retenção foram confirmados previamente com padrões analíticos e biblioteca Nist

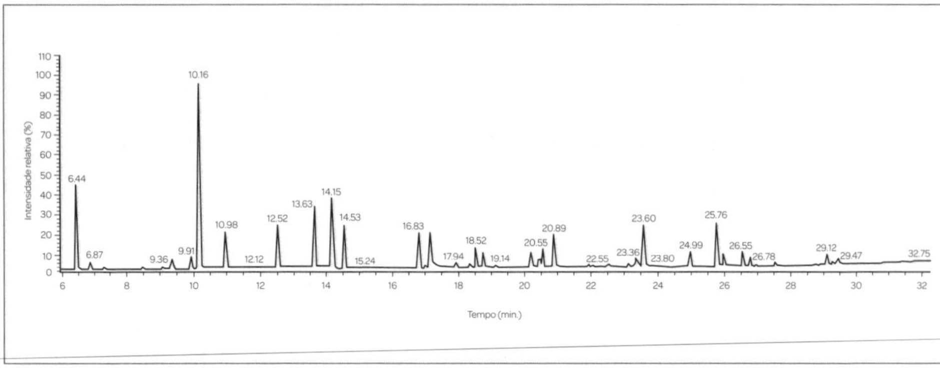

Figura 4.16 Coluna A.

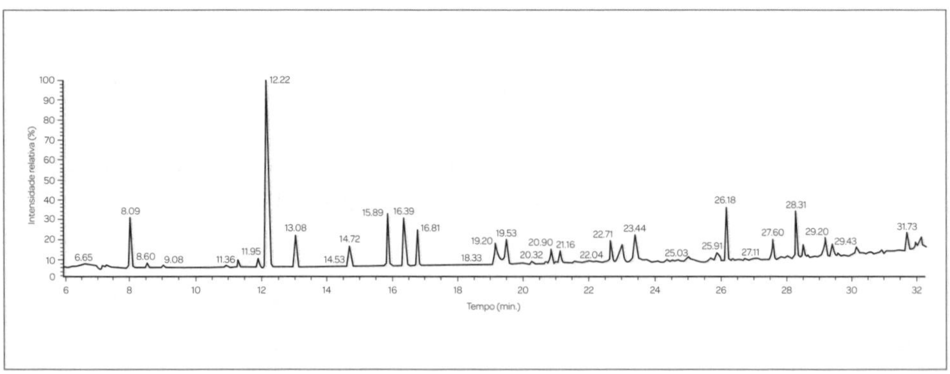

Figura 4.17 Coluna B.

Foi observado que na coluna B, em comparação à coluna A, todos os analitos tiveram seus TRs aumentados, como exemplo: acetaldeído, de 6,44 min. para 8,09 min.; acetona, de 10,16 min. para 12,22 min.; piridina, de 20,89 min. para 23,44 min.; Pyrazine, methyl- de 23,60 min. para 26,18 min.; furfural, de 24,99 min. para 27,60 min.; e 2-Furanmethanol, de 25,76 min. para 28,31 minutos.

Comparando-se os cromatogramas, foi possível observar que todos os picos foram deslocados na análise na coluna B, com aumento nos tempos de retenção. Portanto, conclui-se que é importante sempre avaliar os resultados cromatográficos com padrões ou bibliotecas espectrais, uma vez que marcas e modelos diferentes, tanto para colunas quanto para cromatógrafos, podem apresentar algumas oscilações comparativas.

Em alguns casos, um medidor de fluxo (fluxímetro) pode ser utilizado para verificar se o valor do *set point* do gás de arraste está correto, sem problemas operacionais, sem obstruções internas ou "estrangulamentos" da coluna nas anilhas do injetor e do detector durante posicionamento e instalação. Como nesse caso a pressão do injetor foi semelhante ao valor nominal utilizado anteriormente, sem ocorrer aumento drástico, o "estrangulamento" da coluna nas anilhas não foi a causa da mudança dos TRs e, sim, as diferenças entre os fabricantes. Outra causa que pode promover a diminuição nos TRs é muito uso da coluna, indicando o final da vida útil desse consumível.

CAFÉ ARÁBICA VS. ROBUSTA (*CONILON*): EXTRATO LÍQUIDO

Para complementar a caracterização do pó de café, assim como determinar parâmetros de qualidade e procedência, foram realizadas análises dos extratos das amostras, analisadas anteriormente por *headspace* GC-MS, mas, dessa vez, por meio da injeção da fração líquida extraída por solvente.

Para a extração, utilizou-se 0,5 g de café em pó, 10 mL de etanol anidro com grau de pureza para cromatografia a gás e zeólitas para a remoção de água residual, antes da injeção no cromatógrafo. As amostras foram previamente centrifugadas e filtradas em membrana. Para evitar a saturação do detector e possível dano ao filamento, utilizou-se o *solvent cut* de 4 minutos, período em que o detector permanece inativo até a passagem do solvente da amostra. As condições de análise foram representadas na Tabela 4.4.

Tabela 4.4 Condições cromatográficas

Componente	Condições/características
Injeção	1 µL
Coluna	RTX-5 ms, 30 m, 0,25 mm, 0,25 µm
Injetor	200 °C
Splitless	Tempo de amostragem de um minuto
Hélio	45 $cm.s^{-1}$ (velocidade linear)
Forno	40 °C (5 min.), 5 °C /min. até 310 °C (15 min.).
Fonte de íons	230 °C
Energia de ionização	70 eV
Modo scan	40-470 *m/z*
Solvent cut	4 min.
Tempo de análise	74 min.

Em média, os extratos apresentaram até 70 picos nos cromatogramas, sendo que os 20 majoritários foram selecionados para avaliação. A área relativa do pico associado à cafeína apresentou porcentagem relativa média em área de 28,39% u.a. para as amostras de café misto e de 20,70% u.a. para os cafés 100% arábica.

O cromatograma representado na Figura 4.18 é relativo a uma região de interesse na amostra de extrato de café, com o pico majoritário sendo atribuído à cafeína, de acordo com o fragmentograma e biblioteca espectral Nist.

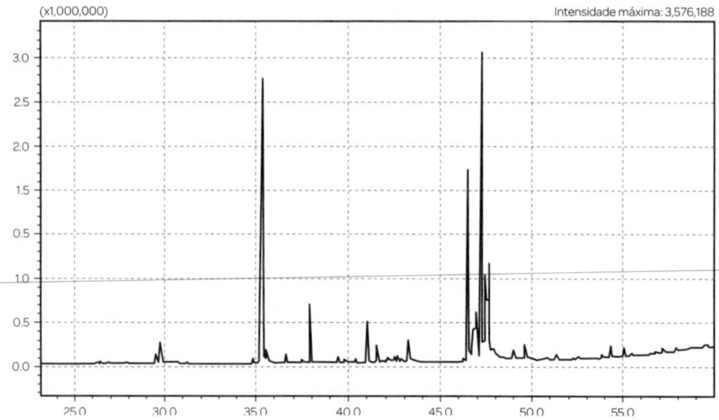

Figura 4.18 Extrato líquido de café.

De acordo com a literatura científica, grãos de café arábica geralmente apresentam de 1,0 a 1,5% $m.m^{-1}$ de cafeína em suas composições, e os grãos de café robusta, entre 2,0 e 2,5% $m.m^{-1}$, corroborando com os resultados das análises, cujas amostras de café misto apresentaram valores superiores aos cafés 100% arábica. Também é possível analisar cafeína por HPLC, sendo considerado o método oficial em diversas normas, descrito neste trabalho no capítulo sobre cromatografia líquida de alta eficiência.

Entre os 20 compostos selecionados para comparação, quatro analitos apresentaram maiores valores de área e dois compostos apresentaram menores valores para os cafés arábica em relação aos cafés robusta. Esses compostos, além do resultado da cafeína, podem ser utilizados para denominação do tipo de grão que foi utilizado no preparo de uma amostra de café aleatória, para o controle de qualidade dos grãos utilizados no processo produtivo ou para a averiguação dos diferentes fornecedores de café para uma empresa ou cooperativa, por exemplo.

ANÁLISE DE VINHOS: DENOMINAÇÃO DE ORIGEM (*HEADSPACE*)

Além das análises de vinhos por meio do GC-FID, também é possível a aplicação da cromatografia a gás acoplada à espectrometria de massa (GC-MS) para a identificação e quantificação de compostos presentes nessa bebida fermentada. Por meio do método de injeção *headspace*, não é necessária a destilação prévia da amostra, apenas a adição de padrão interno.

Nesse ensaio, realizou-se a análise de um vinho tinto português, da região do Alentejo, com os resultados representados na Figura 4.19 e na Tabela 4.5. Para melhor visualização dos picos menores, foi efetuada uma ampliação (zoom) na região de interesse do cromatograma.

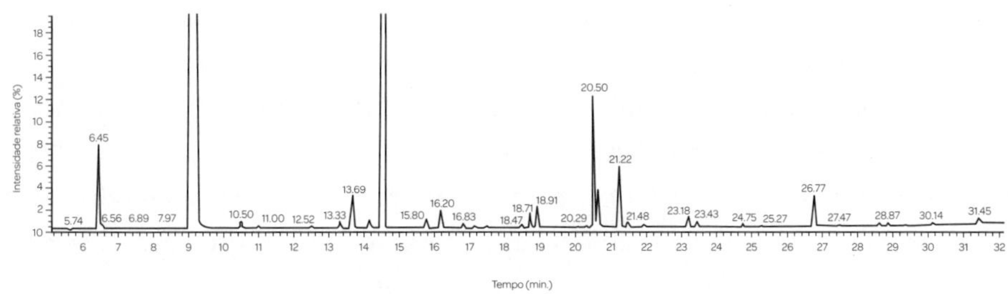

Figura 4.19 Cromatograma *headspace* de amostra de vinho tinto português, com ampliação (zoom).

Tabela 4.5 Resultados do vinho tinto português

Analito	TR (min.)	Área relativa (%)
Acetaldeído	6,45	2,05
Etanol	9,12	80,88
Formato de etila	10,52	0,13
Acetato de metila	11,01	0,05
2-butanona	12,55	0,05
1-propanol	13,33	0,10
Composto contendo arsênio	14,19	0,09
Acetato de etila	14,52	9,69
2-metil-1-propanol	16,20	0,20
3-metil-1-butanal	16,85	0,38
Propanoato de etila	18,47	0,09
Acetal	18,71	0,06
3-metil-1-butanol	20,50	1,95
2-metil-1-butanol	20,63	0,49

Tabela 4.5 Resultados do vinho tinto português

Analito	TR (min.)	Área relativa (%)
Butanoato de etila	21,94	1,34
1-butanol, 3-methyl-, acetate	24,76	0,13
Hexanoato de etila	28,65	0,09
Ácido arsenoso, éster tris(trimetilsilil)	28,89	0,06

Foi possível identificar qualitativamente os compostos por meio da comparação dos espectros de massa de cada pico individualmente, comparados com os padrões da biblioteca internacional Nist. Vários álcoois que já haviam sido identificados anteriormente por meio do GC-FID foram detectados nesse método, indicando corroboração dos resultados. Porém, essa análise foi mais completa, com a identificação de diversos ésteres na amostra, devido ao fato de que os espectrômetros de massa (MS) possuem uma sensibilidade muito maior do que os detectores de ionização por chama (FID). Dependendo do analito e do método utilizado, geralmente no FID as concentrações são detectadas em partes por milhão (ppm), já no MS, em partes por bilhão (ppb) no modo scan e partes por trilhão (ppt) no modo SIM (*selected ion monitoring*). Cada analito irá apresentar um limite de detecção, de acordo com as características da molécula e do fator de resposta.

Nessa análise, dois compostos orgânicos contendo arsênio foram possivelmente identificados. Como os métodos oficiais para a identificação e quantificação desse elemento são por espectroscopia por absorção atômica (AAS) ou por espectroscopia por emissão atômica por plasma indutivamente acoplado (IPC-AES), essa amostra deverá ser analisada por esses métodos para determinar a concentração de arsênio e verificar se está abaixo do limite máximo para o consumo.

Há alguns anos, algumas amostras de vinho da Califórnia apresentaram possíveis níveis de arsênio acima do limite, sendo considerados possivelmente perigosos. Porém, acredita-se que houve erro analítico ou uma tentativa de difamação de algumas marcas regionais, e um processo judicial foi instaurado para averiguação. O arsênio é letal em baixas concentrações e, dependendo da região de plantio da vinha, se houver uma alta concentração desse elemento no solo, as uvas poderão apresentá-lo na composição.

Para melhorar a identificação do elemento arsênio (74,92 $g.mol^{-1}$), efetuou-se a identificação relativa de fragmentos de massa da amostra, com análise 3D em função do tempo (minutos), intensidade relativa (%) em função do fragmento com maior intensidade e razão massa/carga (m/z) próximas de 75 $g.mol^{-1}$. Os resultados foram representados na Tabela 4.6 e nas Figuras 4.20 e 4.21. Tabelas com fragmentos (m/z) e intensidades relativas podem ser utilizadas para a diferenciação e denominações de origem de amostras de vinhos, em conjunto com as quantificações dos analitos determinados nos cromatogramas com uso de padrão interno.

Tabela 4.6 Fragmentos e intensidades

Fragmento (*m/z*)	Intensidade relativa (%)
43,15	17,08
44,04	100,0
45,07	12,33
54,76	13,11
55,29	13,34
56,18	13,55
57,12	14,54
67,07	16,92
69,09	22,31
70,13	14,39
75,03	10,96
77,13	33,09
78,07	58,80
79,07	12,57
91,15	18,96
97,12	12,21
103,06	10,89
133,07	10,84
149,12	16,70
207,04	35,05

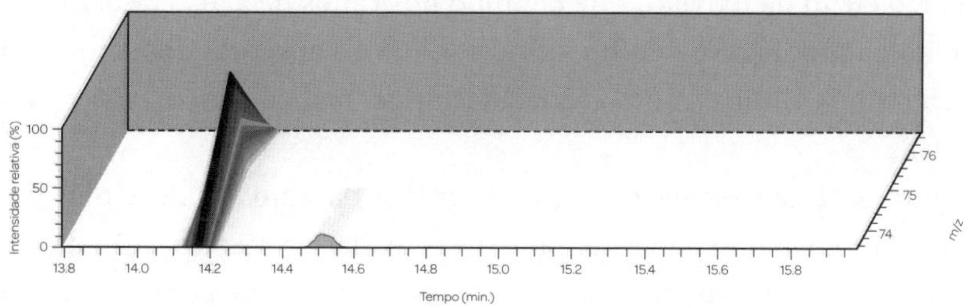

Figura 4.20 Pico próximo de 75 g.mol^{-1} em 14,19 minutos.

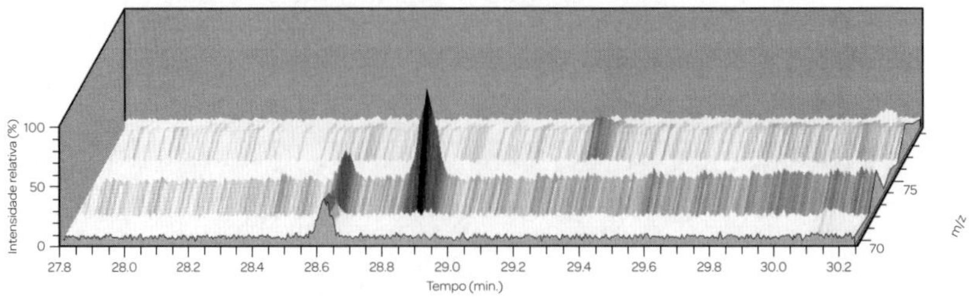

Figura 4.21 Pico próximo de 75 g.mol^{-1} em 28,89 minutos.

Foi possível determinar a intensidade relativa total de 10,96% do íon ou fragmento com mesma massa molecular de 75 g.mol^{-1}, com picos intensos em 14,19 e 28,89 minutos. Para a análise quantitativa, recomenda-se utilizar AAS ou ICP-AES e verificar o limite da normativa vigente.

Além do arsênio, o chumbo também é um elemento muito perigoso que fazia parte da composição de alguns vinhos antigamente. Como exemplo, na época do Império Romano, alguns equipamentos do processo produtivo continham chumbo, metal pesado acumulativo e que causava sintomas como ansiedade, irritação, agressividade e, em alguns casos, alucinações, sendo a doença determinada de "saturnismo". Esse termo deriva do latim, indicando cor cinzenta, denominado pelos alquimistas.

Os ácidos presentes no vinho reagiam com o metal dos recipientes, formando acetato de chumbo, com sabor agradável, tendendo ao adocicado. Acredita-se que alguns soldados e imperadores romanos que apresentaram atitudes consideradas insanas poderiam estar com altas concentrações de chumbo no organismo. Além dos artefatos para vinho, o encanamento de Roma também continha chumbo nessa época.

Porém, o efeito da lixiviação de chumbo nos canos de água era bem inferior ao encontrado na produção de vinho, devido ao pH e à ausência dos ácidos carboxílicos presentes nos vinhos, como acético, tartárico, málico, lático, cítrico, succínico, entre outros.

A Figura 4.22 representa o fragmentograma da amostra de vinho português alentejano. Por meio dessa análise, é possível auxiliar na identificação da origem de um vinho, para confirmar a denominação de origem, o que confere características de qualidade regionais a diversos produtos.

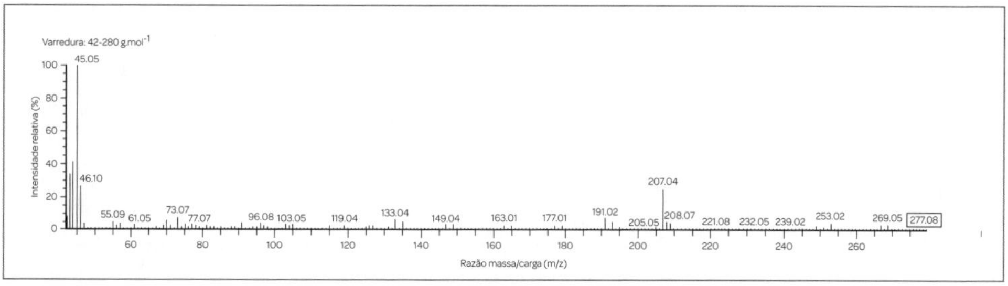

Figura 4.22 Fragmentograma de vinho tinto português alentejano.

Esse fragmentograma é relativo aos compostos voláteis presentes na amostra, em que cada tipo de vinho irá apresentar um perfil. Como observação, uma possível exceção seria fragmento em 207 *m/z*, que é relativo a possível "sangramento" da coluna ou decomposição térmica do septo do injetor. Os fragmentos 46 e 45 *m/z* são, principalmente, relativos ao etanol.

Com o fragmentograma e o cromatograma obtidos, aliados às demais quantificações por meio da química analítica instrumental, é possível determinar o tipo de uva, origem, adulterações, fraudes, região de plantio e composição completa das amostras de vinho, assegurando a qualidade e evitando compostos tóxicos.

Como exemplo, é possível a diferenciação de um vinho chileno de uvas Carménère do vinho português analisado anteriormente. Os resultados foram representados nas Figuras 4.23 e 4.24.

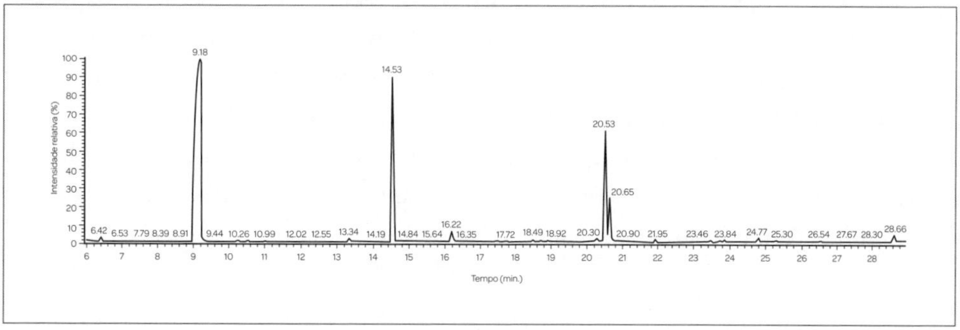

Figura 4.23 Cromatograma do vinho tinto chileno de uvas Carménère.

Comparando-se os cromatogramas entre os vinhos chileno e português, conclui-se visualmente que são amostras distintas. Por exemplo, observou-se que a amostra de origem portuguesa apresentou maiores concentrações de acetaldeído, acetal e picos desconhecidos em 13,69, 21,22 e 26,77 minutos. O vinho chileno apresentou maiores concentrações de acetato de etila, 3-metil-1-butanol e 2-metil-1-butanol.

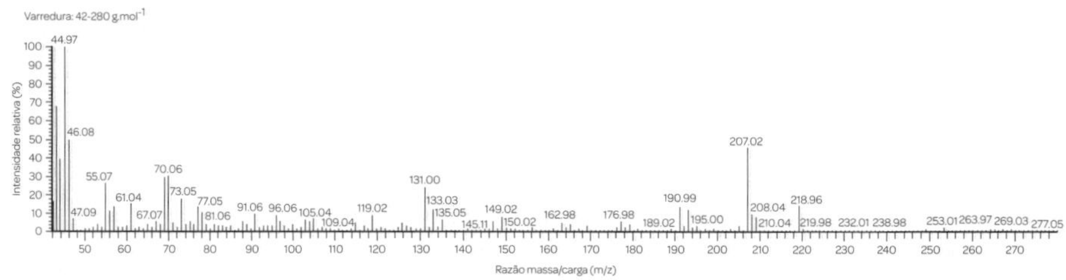

Figura 4.24 Fragmentograma de vinho tinto chileno de uvas Carménère.

Comparando-se os fragmentogramas entre as amostras de vinho, observaram-se alguns marcadores. No vinho chileno, os seguintes fragmentos apresentaram maior intensidade em relação ao vinho português: 219, 193, 191, 131, 70, 69, 61, 55, 46, 45 e 43 *m/z*.

Como são vinhos de uvas e países diferentes, a diferenciação por meio dos resultados já era esperada. Porém, essa análise é viável para verificar a procedência do vinho, a chamada *denominação de origem*. Recentemente, uma fraude em grande escala ocorreu na França: comerciantes sem ética estavam comprando vinhos espanhóis mais baratos e colocando rótulos franceses de maior valor agregado.

Uma curiosidade sobre a uva Carménère: sua origem é francesa, porém essa espécie foi extinta no território do país de origem devido a uma infestação de filoxera que acometeu as plantações entre os anos de 1860 e 1870. Devido à colonização da América do Sul, algumas mudas dessa uva foram enviadas antes da infestação para serem plantadas no Chile, país que, até a atualidade, mantém o seu cultivo e preservou a existência dessa espécie. Em relação à substituição de colunas cromatográficas, descrita anteriormente, a Figura 4.25 é o cromatograma com ampliação (zoom) de uma amostra de vinho tinto argentino de uvas Malbec, em que uma nova coluna cromatográfica foi instalada no cromatógrafo.

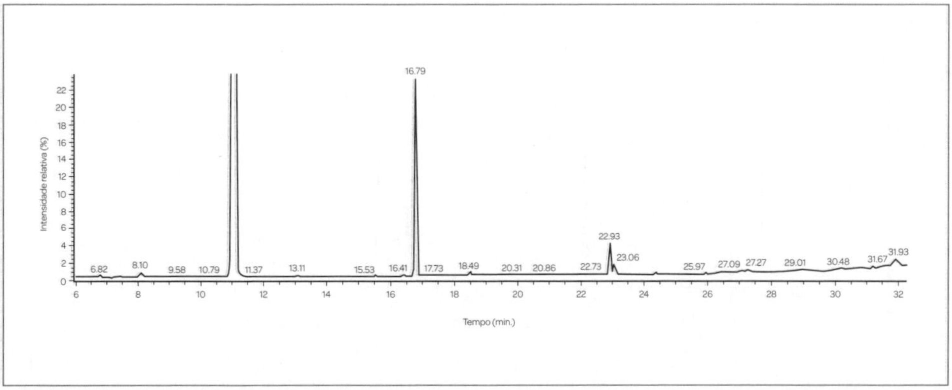

Figura 4.25 Vinho tinto argentino de uvas Malbec, com ampliação (zoom).

Observou-se novamente o deslocamento dos picos cromatográficos, com aumento nos tempos de retenção (vide discussão anterior, no final do capítulo de análises de aromas de café por *Headspace* GC-MS, uma vez que as mesmas colunas foram utilizadas nas análises, antes e depois da substituição e, como resultado, em amostras com analitos distintos, ocorreram os deslocamentos dos picos nos cromatogramas, com aumento nos tempos de retenção).

As condições cromatográficas foram: headspace a 80 °C durante 30 min., injeção de 500 μL dos voláteis, microsseringa a 80 °C, coluna 624 (60 m, 0,25 mm, 1,4 μm), injetor a 220 °C, split de 25:1, fluxo de Hélio a 0,8 mL.min.$^{-1}$, forno inicialmente a 40 °C por 5 min., rampa de 6 °C/min. até 220 °C e isoterma durante 7 min., interface a 220 °C, fonte de íons a 250 °C, energia de ionização de 70 eV, modo scan: 42-280 *m/z*, com filamento desligado durante 6 minutos a partir do início.

Para otimização do método com a nova coluna instalada, os seguintes parâmetros foram modificados: rampa de 10 °C/min. até 220 °C e isoterma durante 5 min., injetor a 150 °C, fluxo de Hélio a 0,7 mL.min^{-1}, headspace a 80 °C durante 20 min., modo scan: 30-200 *m/z*. Como resultado, o cromatograma na Figura 4.26 representa a análise na coluna anterior de uma amostra de hidromel, que foi utilizada para avaliação do novo método, além da confirmação dos tempos de rentenção com padrões previamente analisados nas novas condições.

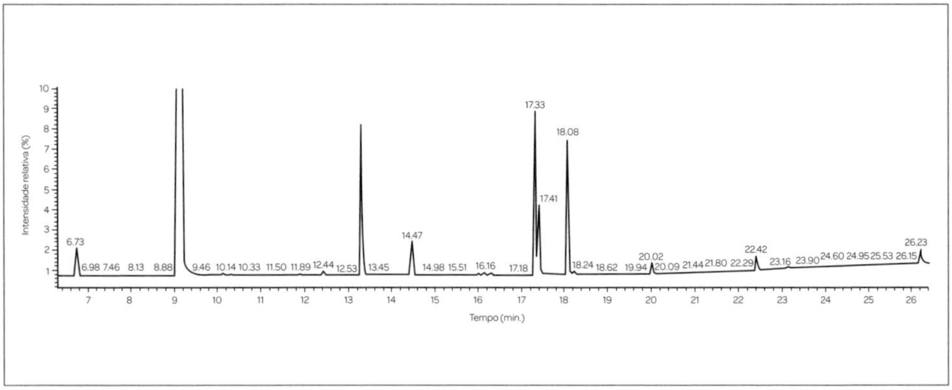

Figura 4.26 Cromatograma Headspace de hidromel, com ampliação (zoom).

Os seguintes analitos foram identificados: acetaldeído (6,73 min.), etanol (9,15 min.), 1-propanol (12,44 min.), acetato de etila (13,32 min.), 2-metil-1-propanol (14,47 min.), 3-metil-1-butanol (17,33 min.), 2-metil-1-butanol (17,41 min.) e padrão interno 1-pentanol (18,08 min.). Metanol (TR = 7,10 min.) não foi identificado nesta amostra.

Na nova coluna e novas condições cromatográficas, os tempos de rentenção foram deslocados, com aumento de aproximadamente 1,5 a 2 min.: acetaldeído (8,31 min.), metanol (8,76 min.), etanol (10,90 min.), 1-propanol (14,29 min.), acetato de etila (15,21 min.), 2-metil-1-propanol (16,38 min.), 3-metil-1-butanol (19,32 min.), 2-metil-1-butanol (19,41 min.) e padrão interno 1-pentanol (20,08 min.).

Neste novo método, uma amostra de vinho tinto português da região da Ravasqueira foi analisada, com as seguintes áreas relativas dos compostos, desconsiderando-se a área do pico do etanol no cálculo: acetaldeído (0,93 % u.a.), metanol (1,41 % u.a.), 1-propanol (1,13 % u.a.), acetato de etila (66,09 % u.a.), 2-metil-1-propanol (2,81 % u.a.), 3-metil-1-butanol (11,65 % u.a.) e 2-metil-1-butanol (3,34 % u.a.). Estes resultados de porcentagem relativa, associados à quantifacação com padrão interno, podem ser utilizados, em conjunto com os resultados dos fragmentogramas de distintas amostras, para as análises de denominação de origem dos vinhos.

ANÁLISE DE CHÁS, LIMONENO, BUFOTENINA E MIRISTICINA

Os chás são consumidos desde os tempos mais remotos pela humanidade, geralmente associados a algum problema de saúde ou tratamento, para acalmar e tranquilizar ou apenas para serem apreciados, como bebida saudável ou, no caso de chás gelados, refrescarem e propiciarem certo efeito, seja curativo ou aprazível.

Existem chás para gripes, resfriados, estados de nervosismo, insônia, ansiedade, depressão, diabetes, hipertensão, termogênicos, energizantes, estimulantes, enfim, possuem uma grande gama de aplicações, e são considerados "a cura por meio das plantas".

Em diversas universidades do mundo, existem departamentos de pesquisa que trabalham com a análise composicional, isolamento de compostos bioativos e comprovação da atividade de extratos vegetais, com validação de métodos e resultados afirmativos.

Para a análise de extratos de chá, um método foi desenvolvido com as condições descritas na Tabela 4.7 e os resultados de algumas amostras (camomila, chá verde, erva-cidreira ou melissa, hortelã, capim-cidreira, erva-doce, gengibre, pfaffia, verbena, ginkgo biloba, manjerona e alecrim) foram representados nas Tabelas 4.8 e 4.9. As amostras foram extraídas, centrifugadas, filtradas em membrana e particionadas em diclorometano previamente à análise no GC-MS.

Tabela 4.7 Condições cromatográficas

Componente	Condições/características
Injeção	1 μL
Coluna	RTX-5 ms, 30 m, 0,25 mm, 0,25 μm
Injetor	200 °C
Splitless	Tempo de amostragem de um minuto
Hélio	45 cm.s^{-1} (velocidade linear)
Forno	40 °C (5 min.), 5 °C /min. até 310 °C (15 min.).
Fonte de íons	230 °C
Energia de ionização	70 eV
Modo scan	40-470 *m/z*
Solvent cut	4 min.
Tempo de análise	74 min.

Tabela 4.8 Camomila, chá verde, erva-cidreira ou melissa, hortelã, capim-cidreira e erva-doce

		Área relativa (%)					
Substância	TR	Camo	C. ver.	Meliss.	Hort	Cap-Cidr.	E. doce
d-funchona	16,01						2,75
Borneol	18,45	0,61	0,67	2,45	2,31	1,49	0,05
Mentol	18,68				1,91		
Estragol	19,42						0,20
Carvona	20,78				9,00		
p-anisaldeído	21,11						0,08
Anetol	21,95		0,71		0,89		

Tabela 4.8 Camomila, chá verde, erva-cidreira ou melissa, hortelã, capim-cidreira e erva-doce

		Área relativa (%)					
Substância	**TR**	**Camo**	**C. ver.**	**Meliss.**	**Hort**	**Cap-Cidr.**	**E. doce**
Trans-anetol	21,98						7,11
Ácido gerânico	23,95					0,89	
p-acetonilanisol	24,67						0,09
Pirogalol	25,45		2,77			7,22	
Ácido químico	30,43		1,60			9,99	
Óxido de bisabolol B	31,22	3,87					
Alfa-bisabolol	31,83	1,65					
Hernianina	32,83	2,74					
Óxido de bisabolol A	33,25	6,57					
Cafeína	35,48	0,52	41,40	0,14	0,15	0,22	0,08
Metil-Tonghaosu	36,33	2,39					
O-benzoilbenzoato	37,11	6,10		3,23			0,52
Ácido C16	37,52	0,74	4,52	13,98	12,82	9,37	6,70
S8	39,04				1,16		
Fitol	40,27		1,29	1,59	3,66	1,06	
Ácido C18:2	40,69	5,47	2,07	7,01	3,21	4,14	
Ácido C18:1	40,82	9,37	7,37	29,87	26,6	11,16	
Ácido C18	41,18	1,18	0,80	2,56	2,11	1,72	
Éster C18:1	41,26	1,00	0,87	1,93	1,30	1,15	
Ácido 6-octadecenoico	41,63						69,58
Temurino	42,89		0,94				
Tributil-acetilcitrato	42,97		2,62			1,98	
Triacontano	49,60	5,75					
Esqualeno, Espinaceno	51,48		2,67	1,32	1,05		0,03
Nonacosano	52,37	4,23	0,97		2,21		
Tetrapentacontano	54,94	1,94	0,77	1,04	3,72		
Hepcosanol	55,04		0,57			1,29	0,04
Alfa-tocoferol	55,59		0,92	1,49	0,98	0,53	0,04
Tetrapentacontano	57,37						
Beta-sitosterol	57,95	1,21	5,16	7,48	3,72	4,4	0,10
Norolean-12-eno	58,43		1,92	2,54	0,92	0,62	0,04
Chondrillast-7-enol	58,64		1,48				
Friedelino	60,76		0,81				
Total identificado (%)		55,34	82,90	76,63	77,72	57,23	87,41

Tabela 4.9 Gengibre, pfaffia, verbena, ginkgo biloba, manjerona e alecrim

		Área Relativa (%)					
Substância	TR	Geng	Pfaffia	Verben	Ginko	Manj	Alec
Felandreno	13,88	1,13					
d-limoneno	14,04			4,14			
Eucaliptol	14,13	0,89		6,46			9,70
Hidrato de sabineno	16,35					0,96	
Cânfora	17,77						4,68
Borneol	18,45		6,48	2,03	0,24	0,44	2,41
Terpinen-4-ol	18,79					4,13	
Alfa-terpineol	19,21					1,47	0,87
Citronelol	20,30	0,36					
Neral	20,67	1,58					
Geraniol	21,05	0,43					
Geranial	21,52	2,30					
4-isopropenil-1-meil-1,2-ciclohexanediol	23,47			2,32			
3-alil-2-metoxifenol	23,94		0,97				
Alfa-curcumeno	27,09	4,03		1,86			
Zingibereno	27,42	16,12					
Cadineno	27,54	3,15					
Alpha-farneseno	27,69	5,39					
Sesquisabineno	28,11	8,21					
Esfatulenol	29,48			3,25			
Zingerona	31,07	2,08					
Neofitadieno	34,98				0,69		
Cafeína	35,48				0,19		
Ácido C16	37,52	1,80	10,64	7,25	4,24	9,65	1,14
Éster C16	38,06		2,51				
Fitol	40,27		0,13	1,88	1,17		
Ácido C18:2	40,69	1,42	2,90	0,66	0,67	2,67	0,55
Ácido C18:1	40,82	1,43	15,72	3,99	4,53	11,81	2,60
Ácido C18	41,18		4,83	0,42	0,61	1,93	
Éster C18:1	41,26		4,44		0,80	0,67	0,39
Hidroginkgol	43,31				6,73		
Gingerol	45,17	7,76					
3-pentadecilfenol	46,67		2,28		2,70		
Triacontano	49,60			0,80	2,20	1,64	1,52
Esqualene e espinaceno	51,48			0,44		1,13	

Tabela 4.9 Gengibre, pfaffia, verbena, ginkgo biloba, manjerona e alecrim

Área Relativa (%)							
Substância	TR	Geng	Pfaffia	Verben	Ginko	Manj	Alec
Nonacosano	52,37			12,33		4,64	5,07
Tetrapentacontano	54,94			4,17		6,19	3,92
Alfa-tocoferol	55,59		1,90	0,25	5,78	0,38	0,38
Tetrapentacontano	57,37					7,49	2,48
Beta-sitosterol	57,95		6,99	1,60	1,30	2,38	0,66
Norolean-12-eno	58,43			0,62			2,87
Metil-comato A	58,72			0,39			10,50
Noruns-12-eno	59,01			1,79			
Betulina	64,10						2,53
Total identificado (%)		58,08	59,79	56,65	31,85	57,58	52,27

Além das amostras analisadas, determinou-se eugenol (23,94 min.) em amostras de chá contendo cravo; cinamaldeído (21,55 min.), contendo canela; casca de limão, contendo d-limoneno (14,04 min.); e muita cafeína (35,48 min.) em noz-de--cola.

Algumas amostras apresentaram as seguintes substâncias, com os respectivos tempos de retenção: mentol (18,68 min.), alfa-farneseno (27,69 min.), gingerol (45,17 min.), alfa-tocoferol (55,59 min.), cinamaldeído (4,55 min.), d-limoneno (14,04 min.), eucaliptol (14,13 min.), cânfora (17,77 min.), borneol (18,45 min.), alfa-terpineol (19,21 min.) e citronelol (20,30 min.). Na Figura 4.27 é possível observar alguns desses compostos.

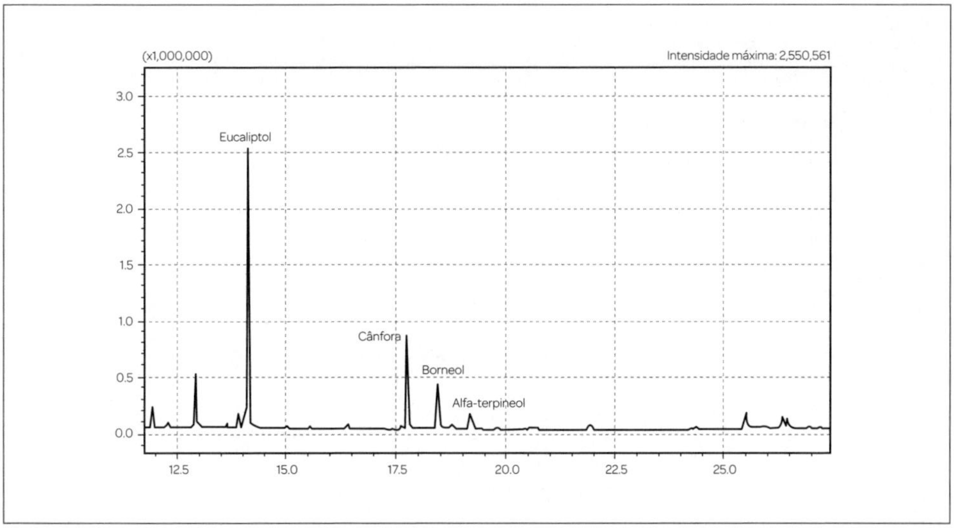

Figura 4.27 Compostos presentes no extrato de alecrim.

Em amostras de noz-moscada, a substância miristina foi encontrada em baixas concentrações e, em extratos de angico, a bufotenina estava presente nas amostras. Ambas as substâncias possuem atividades alucinógenas e devem ter seu consumo evitado, devido aos danos que podem causar à saúde, incluindo ânsia, tontura, vômito, efeitos hepatotóxicos e até óbito, se o consumo for excessivo.

Para a determinação da miristicina e da bufotenina com maiores precisão e exatidão, as condições cromatográficas iniciais foram alteradas, descritas nas Tabelas 4.10 e 4.11.

Tabela 4.10 Condições cromatográficas para análise da bufotenina

Componente	Condições/características
Injeção	1 μL
Coluna	RTX-5 ms, 30 m, 0,25 mm, 0,25 μm
Injetor	250 °C
Split	50:1
Hélio	36,5 $cm.s^{-1}$ (velocidade linear)
Forno	60 °C, 3 °C/min. Até 250 °C.
Fonte de íons	250 °C
Energia de ionização	70 eV
Modo scan	45-400 *m/z*
Solvent cut	4,8 min.
Tempo de análise	63 min.

Tabela 4.11 Condições cromatográficas para análise da miristicina

Componente	Condições/características
Injeção	1 µL
Coluna	RTX-5 ms, 30 m, 0,25 mm, 0,25 µm
Injetor	290 °C
Split	50:1
Hélio	36,7 cm.s^{-1} (velocidade linear)
Forno	70 °C (1 min.), 25 °C /min. até 300 °C (10 min.)
Fonte de íons	250 °C
Energia de ionização	70 eV
Modo scan	45-400 *m/z*
Solvent cut	4,8 min.
Tempo de análise	20,2 min.

Na Figura 4.28 foi possível identificar na biblioteca Nist que o pico em 7,13 minutos é referente à miristicina. Demais substâncias também foram identificadas: terpinen-4-ol (5,19 min.), safrol (5,88 min.), metil-eugenol (6,45 min.), cis-isoelemecina (7,22 min.), ácido mirístico (8,14 min.) e miristato de etila (8,27 min.).

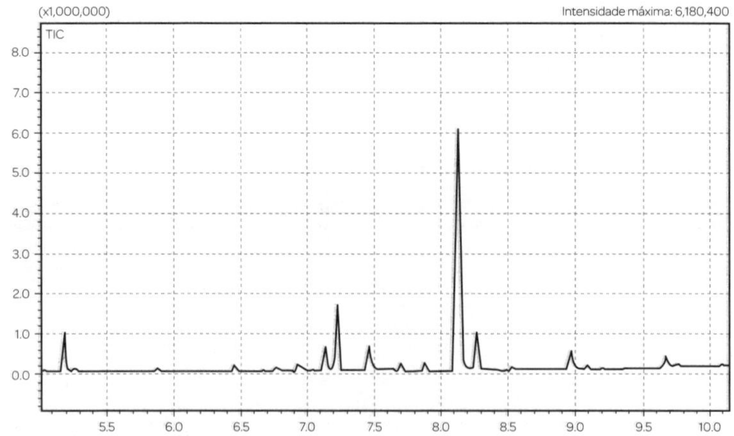

Figura 4.28 Extrato de noz-moscada.

ANÁLISES DE LÚPULO, ÓLEOS ESSENCIAIS E MEL (*HEADSPACE*)

Atualmente, existem diversas variedades de lúpulos espalhados pelo mundo, cada um com algumas características marcantes, que, além dos maltes utilizados, determinam o estilo de cerveja que está sendo produzido. O químico ou mestre cervejeiro são responsáveis pela escolha dos ingredientes iniciais, de acordo com a receita que será utilizada no processo produtivo, podendo, inclusive, utilizar diversos tipos de lúpulo na mesma receita.

Existem estilos que utilizam apenas lúpulos de amargor, nos quais os compostos voláteis e que contribuem para o aroma não estão tão presentes nessas espécies. Como os lúpulos de amargor são adicionados no início do processo de ebulição, para a isomerização dos alfa-ácidos, a maior fração dos compostos voláteis é evaporada e não faz parte da cerveja. Já os lúpulos para aroma são adicionados geralmente ao final da ebulição, para garantir que as substâncias que apresentam aromas desejados não sejam perdidas. Em algumas receitas, utiliza-se a técnica de *dry hopping*, em que os lúpulos são adicionados durante as etapas frias, como a maturação.

Para garantir o alto IBU em alguns estilos, como as IPAs, pode-se utilizar um lúpulo para amargor no início da ebulição e um lúpulo aromático ao final do processo. Para o estilo APA, que deve apresentar menor IBU do que a IPA e conter notas cítricas e alto frescor, deve-se utilizar tipos de lúpulo que garantam essas características. Por meio do GC-MS (*headspace*), analisou-se uma espécie de lúpulo que pode ser utilizado em cervejas do estilo APA (Figura 4.29 e Tabela 4.12).

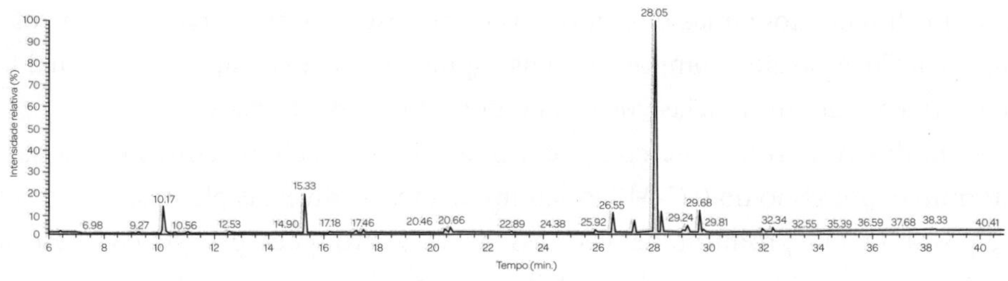

Figura 4.29 Cromatograma de lúpulo para APA.

Tabela 4.12 Lúpulo para APA

TR (min.)	Composto	Área rel. (%)
10,17	2-propanona	6,36
15,33	2-metil-3-buten-2-ol	9,22
17,46	Isobutarato de metila	0,60
26,55	1R-alfa-pineno	4,39
27,32	Canfeno	2,44
28,05	Alfa-pineno	50,75
29,68	d-limoneno	4,36

Determinou-se que a substância majoritária em porcentagem relativa do conjunto das substâncias voláteis desse lúpulo é o alfa-pineno. Para efeito comparativo, analisou-se uma espécie de lúpulo que pode ser utilizado para a produção de cervejas do tipo IPA (Figura 4.30).

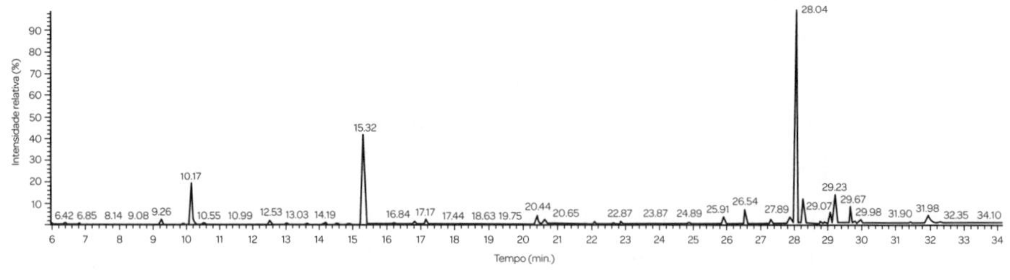

Figura 4.30 Cromatograma de lúpulo para IPA.

Foi possível observar alterações nas porcentagens relativas de alguns compostos, como 2-metil-3-buten-2-ol, 1R-alfa-pineno, d-limoneno e um composto não identificado pela biblioteca em 29,23 minutos. A diferenciação dos lúpulos pode ser efetuada por meio das áreas dos picos identificados nos cromatogramas, por meio dos fragmentogramas das amostras e com uso de um padrão interno volátil para quantificação dos compostos, pois lúpulos aromáticos apresentam maiores concentrações de substâncias voláteis do que lúpulos para amargor.

Além dos compostos que compõem o aroma dos lúpulos, também é possível determinar, por meio do GC-MS, os componentes de diversas plantas, inclusive as que possibilitam a produção de óleos essenciais. A aromaterapia está em crescente expansão e sua utilização pode contribuir para o bem-estar de diversas pessoas. Como exemplo, foram realizadas análises cromatográficas dos óleos essenciais de lavanda e *peppermint*, representadas nas Figuras 4.31 e 4.32.

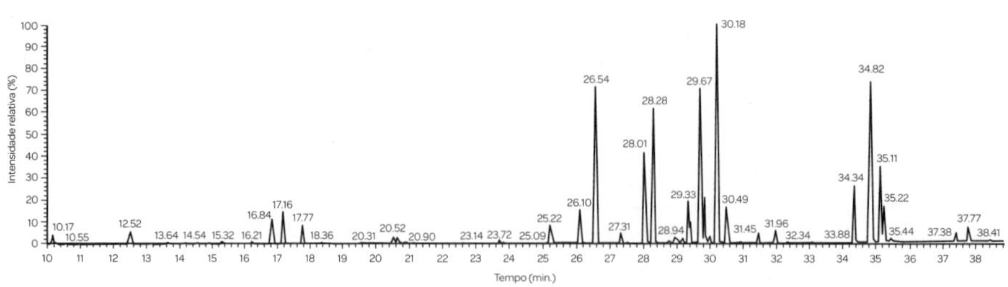

Figura 4.31 Óleo essencial de lavanda.

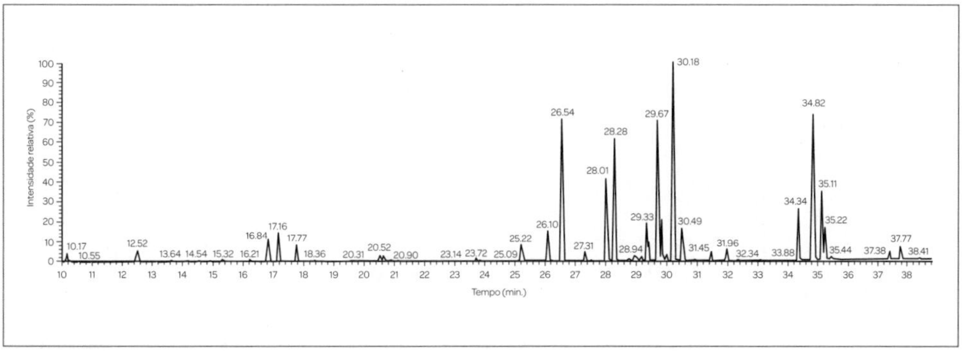

Figura 4.32 Óleo essencial de *peppermint*.

Por meio dos resultados, comparando-se os valores das áreas dos picos com a literatura científica disponível, é possível comprovar a identidade de uma ampla variedade de óleos essenciais, assim como o grau de pureza (calibração, uso de padrão interno) e o frescor, já que o valor de mercado desses compostos é alto e são passíveis de fraudes e adulterações.

Os compostos majoritários encontrados no óleo de lavanda foram: 3-Buten--2-ol, 2-methyl- em 15,31 min., Hexane, 1-methoxy- em 22,40 min., 1-R-Alpha--Pinene em 26,54 min., Camphene em 27,31 min., 2(10)-Pinene, (1S,5S)-(-)- em 28,03 min., trans-Alpha-Ocimene em 29,40 min., Alpha-Linalool em 32,35 min., Terpinen-4-ol em 35,09 min. e Linalyl Acetate em 36,15 min.

Para o óleo de *peppermint*, os majoritários foram os seguintes compostos: Butanal, 3-methyl, em 16,84 min., Butanal, 2-methyl, em 17,16 min., Furan, 2-ethyl, em 17,77 min., Alpha-Pinene em 26,54 min., Alpha-Phellandrene em 28,01 min., 2(10)-Pinene, (1S,5S)-(-)-, em 28,01 min., d-Limonene em 29,67 min., Eucalyptol em 30,18 min. e p-Menthan-3-one em 34,82 min.

Ainda considerando-se o aroma das substâncias, pode-se, por exemplo, determinar a procedência de amostras de mel a partir de floradas diferentes: se as abelhas utilizaram flores de laranjeiras, eucalipto, cipó-uva, silvestres, assa-peixe, café ou azaléas para a produção. A amostra representada na Figura 4.33 é de um mel de florada de eucalipto, com os principais componentes identificados na Tabela 4.13.

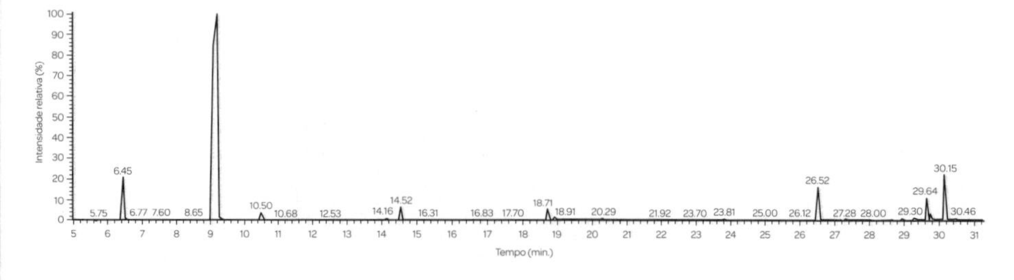

Figura 4.33 *Headspace* do mel da florada de eucalipto.

Tabela 4.13 Mel da florada de eucalipto

TR (min.)	Composto
6,45	Acetaldeído (mel fermentando)
9,21	Etanol (mel fermentando)
14,52	Acetato de etila (mel fermentando)
18,71	Acetal (mel fermentando)
26,52	1R-alfa-Pineno
29,64	d-Limoneno
30,15	Eucaliptol

Por meio dos compostos, observou-se que a origem era de flores de eucalipto mesmo (eucaliptol), porém, em algum momento, as abelhas visitaram alguma florada de laranjeiras (d-limoneno). Também foi possível concluir que o mel não era recém-colhido, uma vez que as leveduras selvagens presentes na amostra haviam iniciado a fermentação e produzido acetaldeído, etanol, acetato de etila e acetal. Demais amostras de mel analisadas neste trabalho indicaram compostos associados às floradas, por exemplo, de flores de azaléas (é necessário cautela no consumo: *mad honey*) e de cafezais (cafeína).

Após a troca de colunas cromatográficas, novamente, foi observado o deslocamento dos picos, comparando-se a Figura 4.34 com o cromatograma de *peppermint*, em relação ao pico do d-Limoneno.

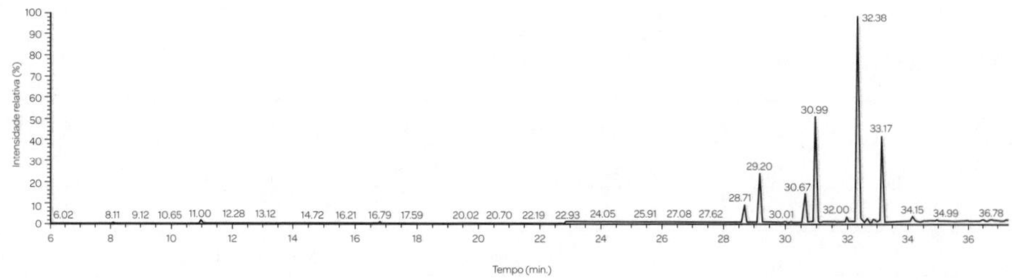

Figura 4.34 Cascas de limão (d-limoneno em 32,38 min.).

Maiores informações a respeito do deslocamento de picos foram descritas ao final do capítulo "Café arábica vs. robusta (*conilon*): aroma (*headspace*)", uma vez que as mesmas colunas foram utilizadas nas análises, antes e depois da substituição; como resultado, em amostras com analitos distintos, ocorreram os deslocamentos dos picos.

PESTICIDAS EM ÁGUA (90 PESTICIDAS RESIDUAIS)

A qualidade da água potável é de suma importância atualmente, uma vez que diversos rios, lagos, fontes, poços, áreas de captação e minas estão apresentando resíduos de pesticidas. Um relatório ambiental brasileiro com mais de mil cidades testadas determinou que uma entre quatro cidades avaliadas apresentou diversos tipos de pesticidas – em alguns casos, pesticidas extremamente tóxicos ou possivelmente carcinogênicos ou que podem causar problemas fetais, hormonais ou reprodutivos.

Uma forma de monitorar e quantificar os pesticidas em água é por meio do GC-MS. Para esse ensaio, realizou-se a extração líquido-líquido, utilizando-se diclorometano como fase orgânica. As amostras foram previamente centrifugadas, filtradas em membranas, extraídas em solvente, posteriormente concentradas e injetadas no cromatógrafo. O método utilizado foi descrito na Tabela 4.14, em que 90 pesticidas podem ser determinados.

Tabela 4.14 Condições cromatográficas

Componente	Condições/características
Injeção	1 µL
Coluna	RTX-5 ms, 30 m, 0,25 mm, 0,25 µm
Injetor	260 °C
Splitless	Tempo de amostragem de um minuto
Modo	Injeção de alta pressão (250 kPa, 1 min.)
Hélio	45 cm.s^{-1} (velocidade linear)
Forno	80 °C (1 min.), 20 °C/min. até 180 °C, 5 °C/min. até 280 °C (10 min.).
Interface	260 °C
Fonte de íons	230 °C
Energia de ionização	70 eV
Modo scan	40-470 *m/z*
Intervalo	0,5 s.
Solvent cut	4 min.

O cromatograma representado na Figura 4.35 é referente à extração de três amostras de água que foram sobrepostas para melhor visualização, nas quais foram encontrados os seguintes pesticidas: metil paration, clorpirifós e paration.

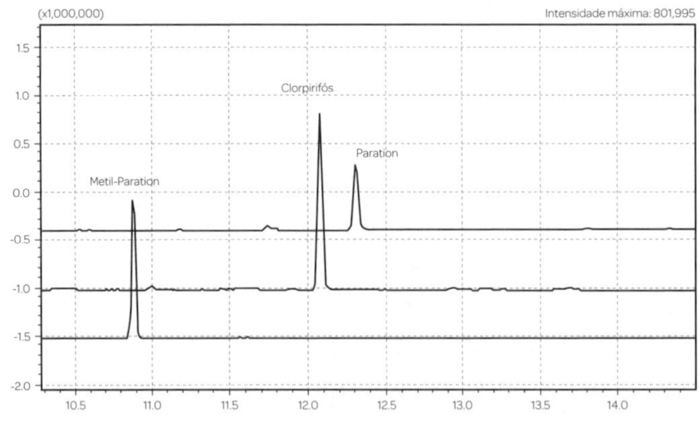

Figura 4.35 Cromatogramas sobrepostos de três extratos.

Por meio desse método, é possível separar e quantificar até 90 pesticidas residuais, sendo alguns exemplos: methamidophos, acephate, isoprocarb, fenobucarb, thiometon, dimethipin, pyrimicarb, ethiofencarb, benfuresate, benthiocarb, diethofencarb, metolachlor, paration, isofenphos oxone, fosthiazate, flutolanil, prothiofos, myclobutanil, flusilazole, captafol, iprodione, acetamiprid, dicofol, tebufenpyrad, pyriproxyfen, fenarimol, acrinathrin, pyraclofos, permethrin, cyfluthrin, cypermethrin, pyrimidifen, difenoconazole, imibenconazole, entre outros; trata-se de um método muito versátil que pode analisar diversos pesticidas em apenas uma análise cromatográfica.

Esse método também pode ser aplicado em amostras de mel, para a determinação de pesticidas residuais, após o preparo correto da amostra, limpeza (*clean-up*), centrifugação, filtração e partição em solvente, para remover os interferentes e substâncias presentes no mel que podem danificar o GC-MS, como glicose, frutose e sólidos totais. Além dos pesticidas, foi possível quantificar 5-hidroximetilfurfural (5-HMF, em 5,25 min.) e cafeína (11,15 min.), indicativos de envelhecimento ou altas temperaturas de armazenamento ou processamento do mel e florada utilizada pelas abelhas (flores de cafezal: cafeína no mel), respectivamente.

Como observação, esse método pode ser utilizado, com as mesmas condições cromatográficas descritas, apenas com a substituição da coluna DB-5 por uma coluna DB-1, para a análise de Atrazina, com tempo de retenção em 14,72 minutos.

HIPÉRICO (PERFIL VOLÁTIL: ORIGINAL VS. MANIPULADO)

O hipérico (*Hypericum perforatum*) é popularmente conhecido como erva-de-são-joão, sendo uma planta de origem europeia e asiática, com flores amareladas, aclimatada nos Estados Unidos. É diferente da flor-de-são-joão comumente encontrada em cercas de estradas no Brasil, que apresentam cor avermelhada.

Pode ser consumido diariamente na forma de chá ou em cápsulas, apresentando atividades para diminuir, tratar e/ou reverter as seguintes situações: insônia, ansiedade, depressão leve a moderada e estados de nervosismo. É bem tolerado e não apresenta significativos efeitos colaterais. Mesmo sendo um fitoterápico, é importante o acompanhamento médico durante o tratamento, para recomendações e dosagens prescritas.

Tendo em vista o alto consumo atual do hipérico em escala mundial, é importante realizar o monitoramento da qualidade desse composto, uma vez que os teores de hipericina podem variar dependendo da região de plantio, clima, manejo, secagem e embalagem. Alguns produtores introduziram essa erva no Brasil e é importante verificar a aclimatação às condições do país e o rendimento produtivo, em especial para os compostos que apresentam atividade fitoterápica.

Para verificar as diferenças entre uma amostra de hipérico produzido e certificado nos Estados Unidos e uma amostra brasileira produzida em uma farmácia de manipulação, a cromatografia a gás acoplada à espectrometria de massa (GC-MS) foi utilizada. Os cromatogramas foram representados nas Figuras 4.36 e 4.37.

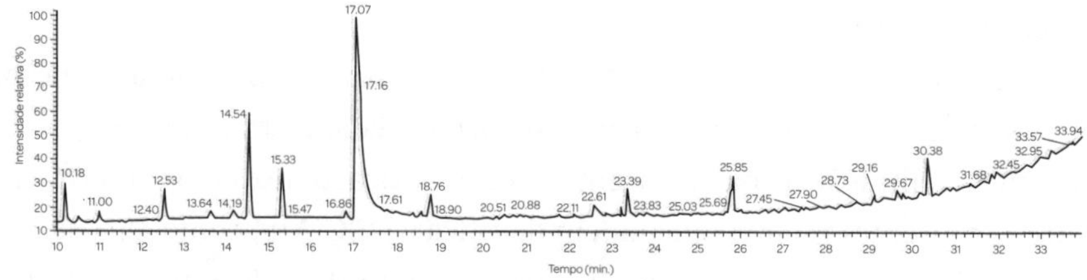

Figura 4.36 Hipérico certificado (*headspace*).

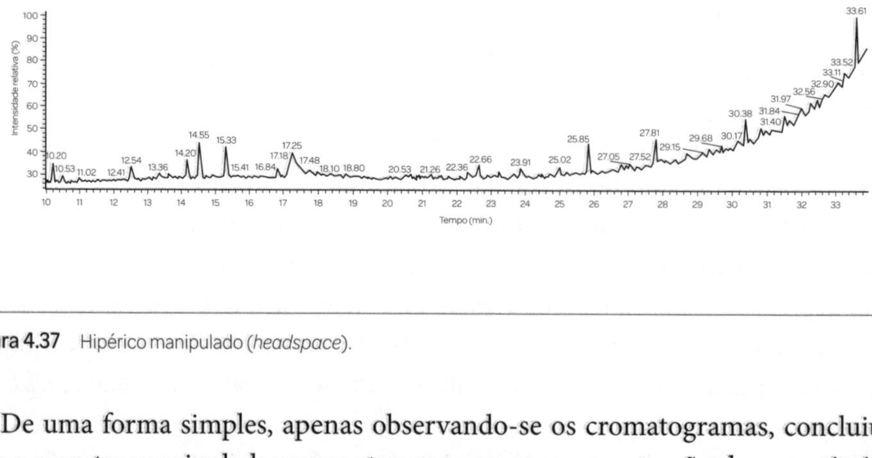

Figura 4.37 Hipérico manipulado (*headspace*).

De uma forma simples, apenas observando-se os cromatogramas, concluiu-se que a amostra manipulada apresentou uma menor concentração dos constituintes voláteis presentes no fitoterápico, indicando possivelmente que a matéria-prima estava um pouco mais velha do que no hipérico certificado, talvez mais próxima do período limite de validade; ou a etapa de secagem foi excessiva em tempo ou temperatura; ou, ainda, as condições de plantio foram inadequadas, produzindo menor concentração de compostos voláteis; ou houve um possível erro de pesagem na manipulação. O aumento de sinal nas linhas bases das análises foi devido à rampa de temperatura do método, fenômeno já descrito nos capítulos anteriores, sendo mais intensa nos minutos finais dos cromatogramas.

Sobre as amostras, pode-se considerar também que o transporte ou o armazenamento podem ter sido longos e em altas temperaturas, provocando evaporação dos compostos voláteis ou decomposição das substâncias presentes. Entre as amostras, quatro picos foram discriminantes, em 18,76 e 23,39 minutos para o hipérico original e em 27,81 e 33,61 minutos para o manipulado, sendo estes dois últimos atribuídos a possíveis contaminantes.

Os fragmentogramas foram muito parecidos, indicando que a amostra manipulada contém realmente hipérico, porém, em menor concentração, de acordo com a Tabela 4.15, que indicou as áreas dos compostos nas referidas amostras. Pelos valores, concluiu-se que o hipérico manipulado apresentou concentração muito inferior ao certificado, considerando-se os picos majoritários entre 17,07 e 17,25 minutos.

Tabela 4.15 Comparação entre as amostras de hipérico

	Área (u.a.)	
TR (min.)	**Certificado**	**Manipulado**
10,18	87.607.614.160	20.477.316.492
12,53	65.725.301.931	13.470.611.916
14,54	227.891.650.530	43.186.154.571
15,33	115.443.902.761	36.364.509.281
17,07-17,25	1.072.908.662.257	26.938.915.993
18,76	42.061.394.552	n.d.
22,61	46.205.203.966	11.218.911.380
23,39	56.116.435.281	n.d.
25,85	117.793.790.725	33.023.036.072
27,81	n.d.	27.567.448.369
30,38	72.412.280.170	29.927.229.577
33,61	n.d.	52.515.868.826

Comparando-se as áreas dos picos entre 17,07 e 17,25 minutos para as amostras de hipérico certificado e manipulado, calculou-se que a área do manipulado representou 2,51% da área do hipérico certificado, sendo uma diferença muito grande para esses compostos.

Pode ter ocorrido um erro aleatório, apenas nesse lote, com algumas possíveis causas descritas anteriormente. Essa amostra não representa todas as farmácias de manipulação e formulações de hipérico comercializadas atualmente no Brasil, sendo que existem muitas farmácias de manipulação com excelentes práticas de preparação e controle de qualidade de fitoterápicos e produtos naturais. Para avaliação dos teores de hipericina, as amostras podem ser também analisadas por HPLC.

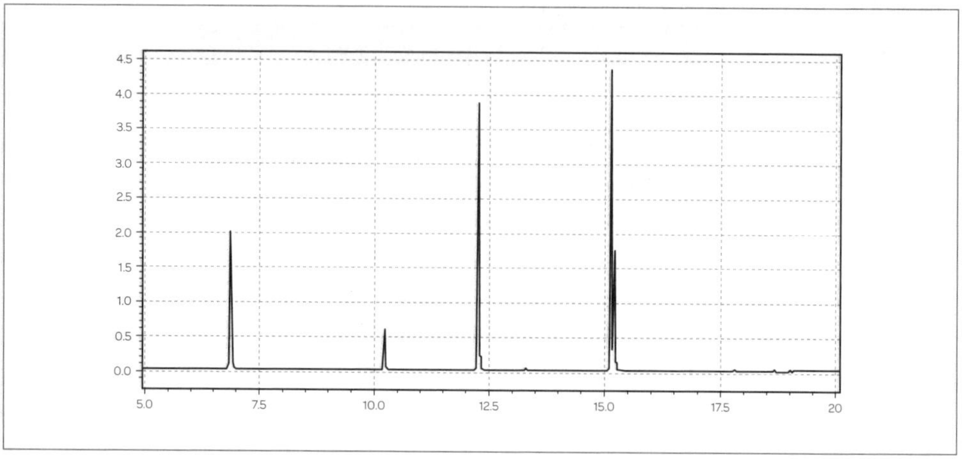

Figura 4.38 Bandeja número 2.

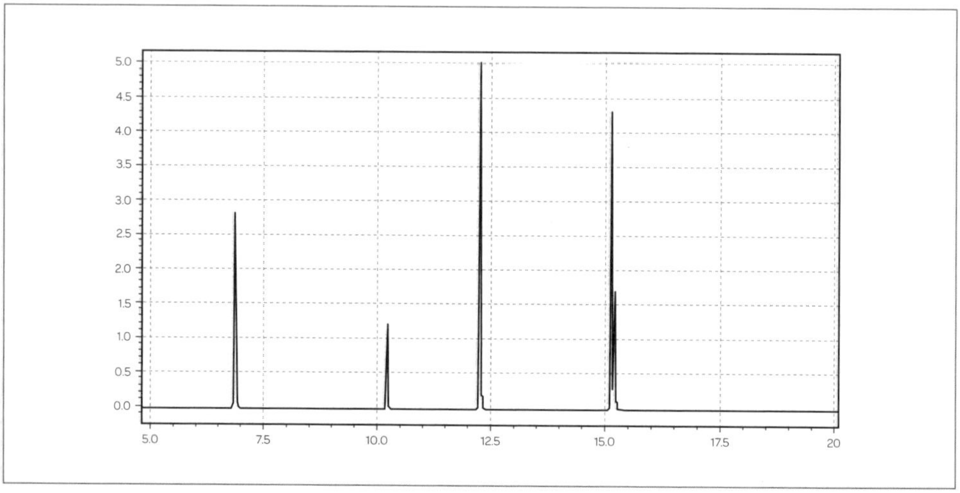

Figura 4.39 Bandeja número 3.

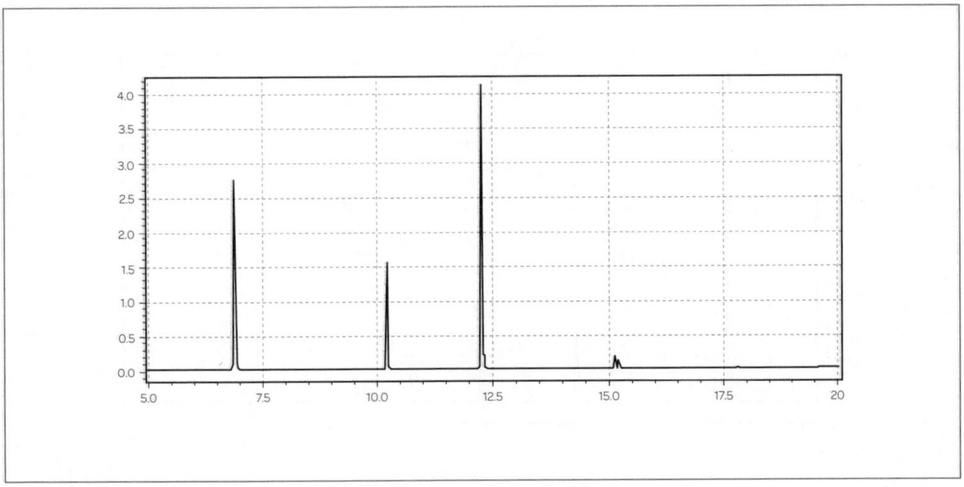

Figura 4.40 Bandeja número 5.

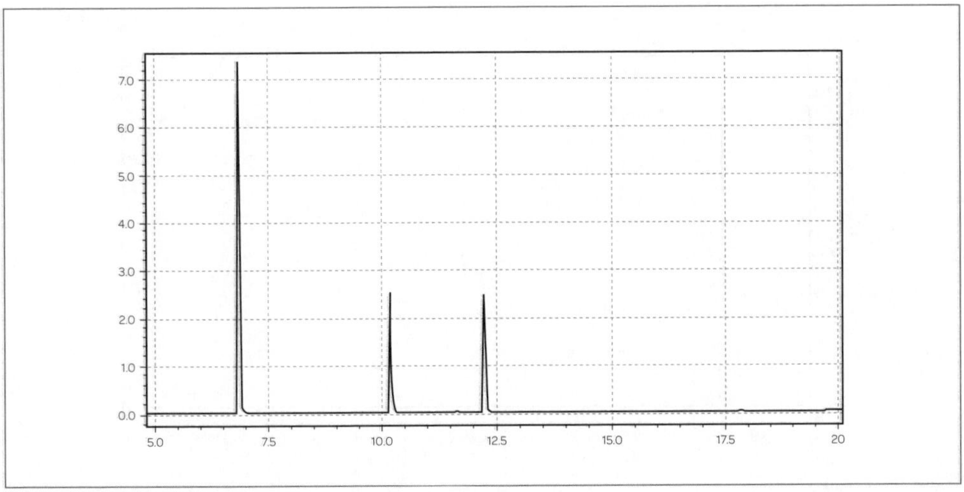

Figura 4.41 Bandeja número 8.

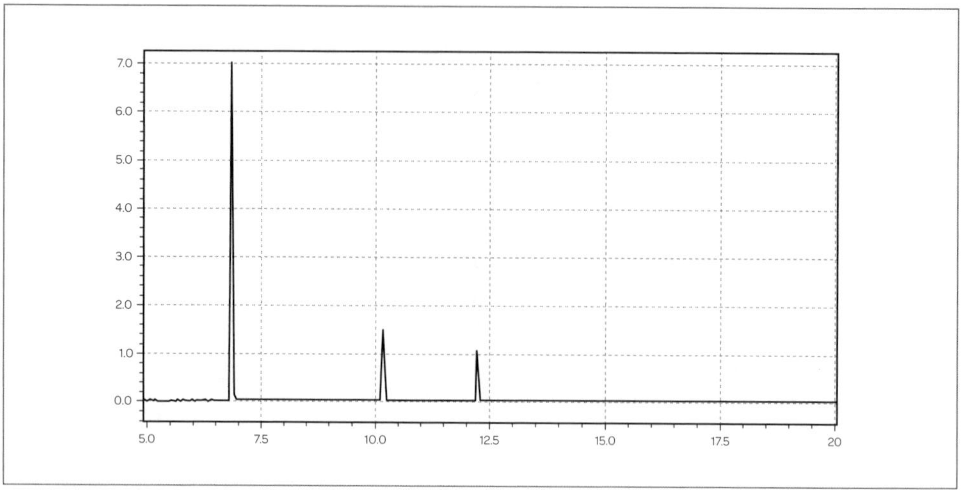

Figura 4.42 Bandeja número 10.

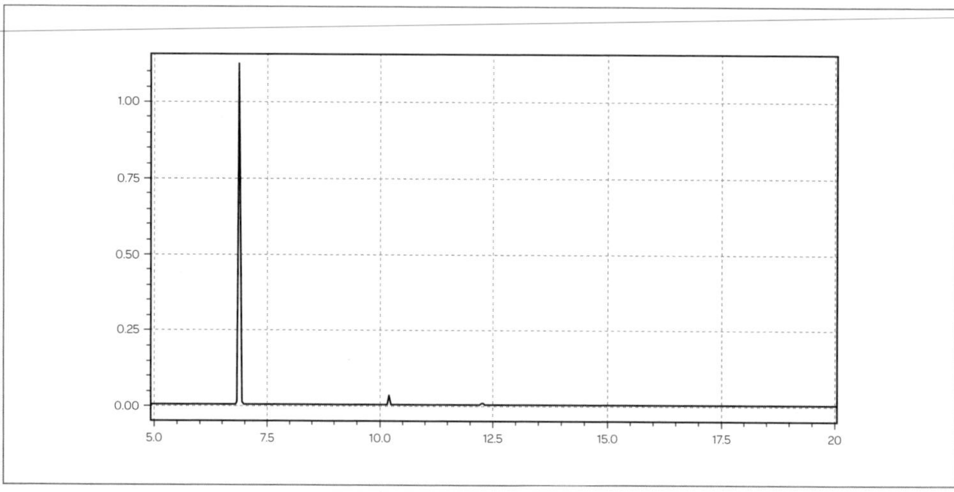

Figura 4.43 Bandeja número 13.

Tabela 4.18 Bandejas de destilação de etanol

	Área relativa (%)				
Bandeja	Etanol	1-propanol	2-metil-1-propanol	3-metil-1-butanol	2-metil-1-butanol
2	17,24	4,83	31,56	32,91	13,25
3	28,09	11,93	47,12	8,01	4,56
5	32,68	17,48	46,33	1,80	1,31
6	40,75	19,35	38,22	0,68	0,53
8	60,12	19,70	19,56	0,04	0,05
10	73,73	15,05	10,74	n.d.	n.d.

Tabela 4.18 Bandejas de destilação de etanol

	Área relativa (%)				
Bandeja	Etanol	1-propanol	2-metil-1-propanol	3-metil-1-butanol	2-metil-1-butanol
12	94,72	4,09	1,02	n.d.	n.d.
13	96,41	2,85	0,57	n.d.	n.d.

Observou-se que os componentes com maiores pontos de ebulição (3-metil--1-butanol e 2-metil-1-butanol) foram condensados nas bandejas mais baixas, retornando ao estado líquido, sendo separados das demais frações e coletados nas saídas inferiores da coluna.

A partir da bandeja número 5, a concentração do composto 2-metil-1-propanol, com temperatura de ebulição intermediária, começou a diminuir em função do aumento da altura da coluna de destilação. Os compostos mais voláteis ainda estavam na fase gasosa e conseguiram percorrer maiores alturas da coluna, sem retornar para o estado líquido. A partir da bandeja número 8, a concentração do 1-propanol começou a diminuir.

Enfim, de acordo com a teoria da destilação e com o uso de todas as bandejas na coluna, o composto de interesse (etanol) foi obtido com maior concentração e pureza na saída da bandeja número 13. Existe também uma coluna pequena, acima dessa bandeja, em que é coletado o álcool de segunda qualidade, contendo compostos mais voláteis que o etanol (por exemplo, acetaldeído, acetato de etila e metanol).

Alguns países exigem maior grau de pureza do etanol para importação, estabelecendo outros limites (por exemplo, as normas para o etanol padrão Japão e padrão Coreia do Sul). As especificações foram descritas nas Tabelas 4.19 e 4.20.

Tabela 4.19 Etanol padrão Japão

Análise	Especificação
Aspecto	Límpido, sem impurezas
Acidez total	3 mg.100 mL^{-1} (máx.)
Teor (°GL a 20 °C)	95,2 °GL (mín.)
Metanol	8 mg.100 mL^{-1} (máx.)
Cloretos, sulfatos	Ausentes
Hidrocarbonetos	Ausentes
Benzeno	Ausente
Acetal	Ausente
Cicloexano	Ausente
Aldeídos	12 mg.100 mL^{-1} (máx.)
Ésteres (acet. et.)	15 mg.100 mL^{-1} (máx.)

Tabela 4.19 Etanol padrão Japão

Análise	Especificação
Álcoois superiores	40 mg.100 mL^{-1} (máx.)
1-Propanol	2 mg.100 mL^{-1} (máx.)
Crotonaldeídos	Ausentes
Extrato seco	4 mg.100 mL^{-1} (máx.)

Tabela 4.20 Etanol padrão Coreia do Sul

Análise	Especificação
Aspecto	Límpido, sem impurezas
Acidez total	3 mg.100 mL^{-1} (máx.)
Teor (°GL a 20 °C)	95,2 °GL (mín.)
Teor (% m/m a 20 °C)	92,7% m/m
Metanol	6 mg.100 mL^{-1} (máx.)
Teste permanganato	5 minutos a 20 °C
Hidrocarbonetos	Ausentes
Benzeno	Ausente
Acetal	10 mg.100 mL^{-1} (máx.)
Cicloexano	Ausente
Aldeídos	6 mg.100 mL^{-1} (máx.)
Ésteres (acet. et.)	7 mg.100 mL^{-1} (máx.)
Álcoois superiores	24 mg.100 mL^{-1} (máx.)
1-Propanol	2 mg.100 mL^{-1} (máx.)
Crotonaldeídos	Ausentes
Extrato seco	4 mg.100 mL^{-1} (máx.)

Como exemplo de aproveitamento de resíduos alimentícios, produziu-se etanol a partir de frutas e legumes em processo de apodrecimento e decomposição, que não poderiam ser utilizados como alimentos. Fermentou-se separadamente resíduos de beterraba, batata, manga e laranja.

Após a bidestilação, obteve-se etanol hidratado do tipo H2 combustível para os resíduos de laranja. Etanol padrão Japão e também padrão Coreia do Sul foram obtidos com os resíduos de manga. Em suma, foi possível obter etanol com alta pureza a partir de resíduos alimentícios que seriam descartados.

A produção de etanol pode oscilar em relação a leveduras, meio fermentativo, grau Brix do mosto, composição do caldo, pH, temperatura, tempo, agitação, pressão e possível presença de bactérias. Para avaliar as variações, fermentaram-se e destilaram-se quatro amostras de caldo de cana-de-açúcar, obtendo-se os resultados indicados na Tabela 4.21.

Tabela 4.21 Produção de etanol

	Área relativa (%)				
Composto	Amostra 1	Amostra 2	Amostra 3	Amostra 4	Desv.-Pad. (%)
Acetaldeído	3,55	5,23	5,06	2,72	± 1,21
1-propanol	5,80	5,12	5,22	4,74	± 0,44
Acetato de etila	23,45	37,42	32,66	36,33	± 6,35
2-metil-1-propanol	21,35	19,56	19,68	19,68	± 0,86
Acetal	5,63	9,85	9,94	2,64	± 3,54
3-metil-1-butanol	27,15	14,41	17,39	21,97	± 5,56
2-metil-1-butanol	10,59	5,92	7,15	8,62	± 2,01

Observou-se que, para algumas substâncias, o desvio-padrão absoluto foi baixo; porém, para outras, foi significativo, acima de ± 2,5% para este estudo em específico. Em nenhum experimento foi observada a produção de ácido acético por bactérias, indicando que o tratamento prévio do caldo eliminou possíveis microrganismos contaminantes.

BIODIESEL

O biodiesel, conforme descrito anteriormente, é uma mistura de diversos ésteres derivados da reação de transesterificação, podendo ser obtido de diversas fontes vegetais e animais. Um método eficaz para a análise qualitativa dos componentes do biodiesel é a cromatografia a gás acoplada à espectrometria de massa (GC-MS).

Por meio dos cromatogramas e espectros de massa, também denominados *fragmentogramas*, é possível efetuar a análise composicional e determinar os principais constituintes do biodiesel. Pode-se determinar a origem da matéria-prima, sendo, por exemplo, biodiesel de sebo bovino ou gordura suína, sebo de carneiro ou gordura de frango.

Entre os vegetais, identifica-se a origem, seja de óleo de soja, milho, girassol, canola, pinhão-manso, palma, semente de algodão ou óleo residual de fritura. O cromatograma na Figura 4.44 representa uma análise no GC-MS de biodiesel metílico experimental proveniente de óleo de semente de goiaba. O catalisador foi neutralizado, a amostra foi lavada várias vezes e seca em evaporador rotativo previamente à análise.

A diluição foi de 25 µL de amostra em 25 mL de heptano de alta pureza. Conforme explicado anteriormente, foi observada a menor escala do cromatograma, por maior diluição da amostra, com "subida" da linha base pela rampa de temperatura, sendo um fenômeno já esperado e estabilizado nos minutos finais do cromatograma, por temperatura constante.

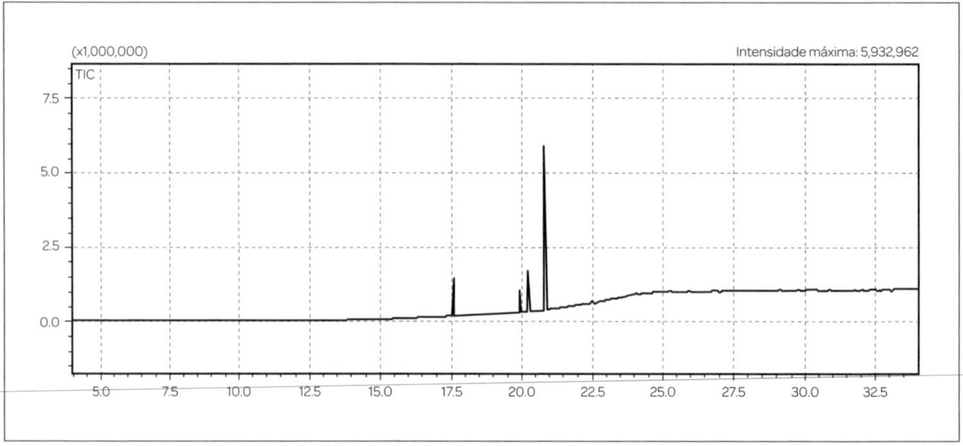

Figura 4.44 Biodiesel metílico de óleo de semente de goiaba.

Para a análise qualitativa, seleciona-se o pico de interesse e abre-se no software o fragmentograma do composto. Existem diversas bibliotecas disponíveis para aquisição, sendo algumas mais genéricas e outras bem específicas. Nesse estudo, utilizou-se a biblioteca internacional Nist. Por meio dessa biblioteca, determinaram-se os picos presentes na Tabela 4.22, com os respectivos índices de similaridade.

Tabela 4.22 Biodiesel metílico de óleo de semente de goiaba

TR (min.)	Analito	Similaridade (%)
17,59	C16	98
19,95	C18	98
20,23	C18:1	97
20,86	C18:2	97

A similaridade indica a porcentagem de semelhança entre o analito na amostra e o espectro de um padrão armazenado na biblioteca. Similaridades acima de 96% indicam uma alta probabilidade de o composto encontrado na amostra ser o correspondente na biblioteca Nist

Então, os seguintes compostos foram determinados na amostra de biodiesel, com similaridades entre 97 e 98%: C16 (éster metílico derivado do ácido palmítico), C18 (éster metílico derivado do ácido esteárico), C18:1 (éster metílico derivado do ácido oleico) e C18:2 (éster metílico derivado do ácido linoleico). A análise qualitativa com o uso de bibliotecas com espectros de massa é amplamente aplicada para a determinação efetiva de compostos presentes em amostras, sendo uma ferramenta muito útil para os analistas.

Após a análise qualitativa, nesse mesmo método, pode-se realizar a análise semiquantitativa, também denominada *análise de áreas relativas*, sem o uso de padrão interno. Para isso, realiza-se a somatória de todas as áreas presentes no cromatograma, considerando-se os demais compostos e impurezas, totalizando esse valor em 100% de área (u.a.). As áreas dos compostos de interesse foram calculadas a partir desse valor, representadas na Tabela 4.23.

Tabela 4.23 Biodiesel metílico de óleo de semente de goiaba

Tempo de retenção (min.)	Área (u.a.)	Área (%)
17,588	2.757.123	10,54
19,945	1.528.744	5,84
20,234	3.095.746	11,83
20,864	17.076.932	65,27

Com os dados obtidos, determinou-se que a amostra possuía: 10,54% do éster metílico derivado do ácido palmítico, 5,84% do éster metílico derivado do ácido esteárico, 11,83% do éster metílico derivado do ácido oleico e 65,27% do éster metílico derivado do ácido linoleico.

A análise por porcentagem de área relativa é considerada semiquantitativa, devido ao fato de não se utilizar nenhum método de calibração, o que pode inferir em erros de quantificação em cromatografia a gás, já descritos anteriormente.

Para verificar as oscilações do método nesse GC-MS, realizou-se a análise em triplicata da mesma amostra, em sequência, para determinação do desvio-padrão relativo (%), representado na Tabela 4.24.

Tabela 4.24 Oscilações do GC-MS

		Área relativa (%)			Média	Desv.-pad.	Desv.-pad. rel.
TR (min.)	Analito	1	2	3	(%)	abs.	(%)
17,59	C16	10,54	9,21	10,03	9,93	± 0,67099	± 6,76
19,95	C18	5,84	5,15	5,50	5,50	± 0,34501	± 6,28
20,23	C18:1	11,83	10,39	11,44	11,22	± 0,74478	± 6,64
20,86	C18:2	65,27	57,47	62,46	61,73	± 3,95045	± 6,40
	Total	94,48	85,22	91,43	88,38		

Observou-se um alto desvio-padrão relativo (%), superior a ± 6%, o que é inaceitável para um método de cromatografia a gás. Portanto, novamente, é altamente recomendada a adição de padrão interno nas amostras, para a obtenção de resultados analíticos confiáveis.

QUALIDADE DAS ÁGUAS E DO AR ATMOSFÉRICO (50 SOLVENTES RESIDUAIS)

Visando ao controle da qualidade das águas de abastecimento, de rios, lagos, poços e de fontes minerais, a cromatografia a gás pode ser aplicada para a determinação de contaminantes originados por atividade humana, como solventes industriais.

Um método foi aplicado para a determinação de até 50 solventes em amostras de água por meio do GC-MS. As amostras foram preparadas com a adição de 1 mL de solução modificadora de matriz (fase aquosa contendo NaCl a 35 g.100 mL^{1}) e as condições cromatográficas foram descritas na Tabela 4.25.

Tabela 4.25 Condições cromatográficas

Componente	Condições/características
Headspace	80 °C, 30 min.
Injeção	500 µL
Microsseringa	80 °C
Coluna	Fase 624, 60 m, 0,25 mm, 1,4 µm
Injetor	225 °C
Split	10:1
Hélio	1,3 $mL.min^{1}$
Forno	35 °C (3 min.), 6 °C/min. até 100 °C, 12 °C/min. até 180 °C, 20 °C/min. até 200 °C (13,5 min.).
Interface	230 °C
Fonte de íons	250 °C

Tabela 4.25 Condições cromatográficas

Componente	Condições/características
Energia de ionização	70 eV
Solvent cut	5,5 min.
Modo scan	35-270 *m/z*

Em amostras que não apresentaram qualquer resíduo de solvente, os cromatogramas não apresentaram picos característicos dos analitos em tempos de retenção predeterminados. Para uma amostra de água contaminada, as seguintes substâncias foram identificadas: etanol (9,55 min.), n-hexano (12,74 min.), tolueno (19,71 min.) e tetracloroetileno (20,62 min.), representados no cromatograma da Figura 4.45.

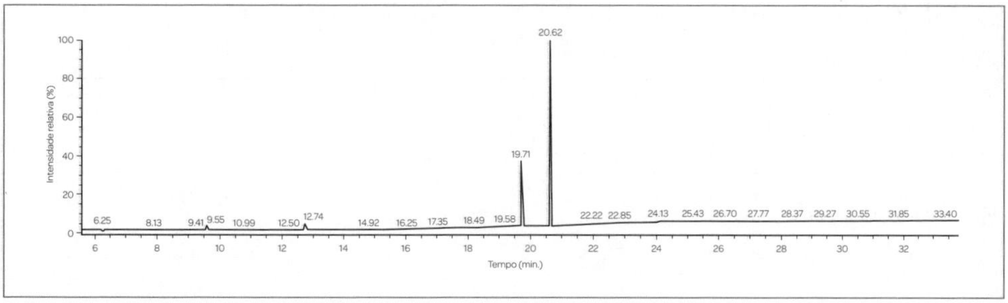

Figura 4.45 Cromatograma de uma amostra contaminada.

As concentrações de etanol e n-hexano estavam relativamente baixas, porém, para os compostos tolueno e tetracloroetileno, apresentaram concentrações muito altas. Para identificação dos analitos, utilizou-se padrões externos para determinação dos tempos de retenção e também compararam-se os fragmentogramas com a biblioteca Nist. Os fragmentogramas foram representados nas Figuras 4.46 a 4.49.

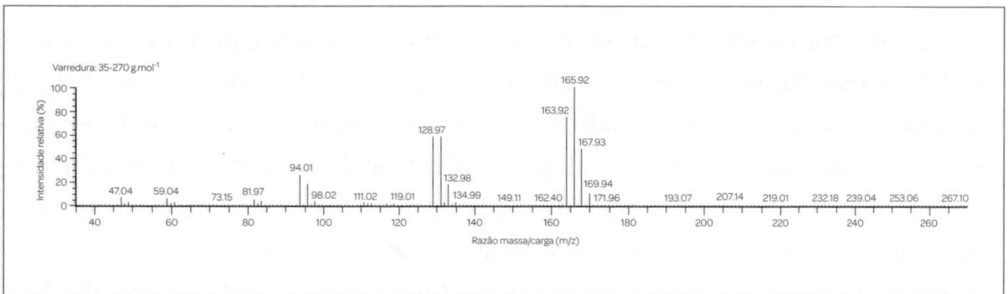

Figura 4.46 Fragmentograma do tetracloroetileno.

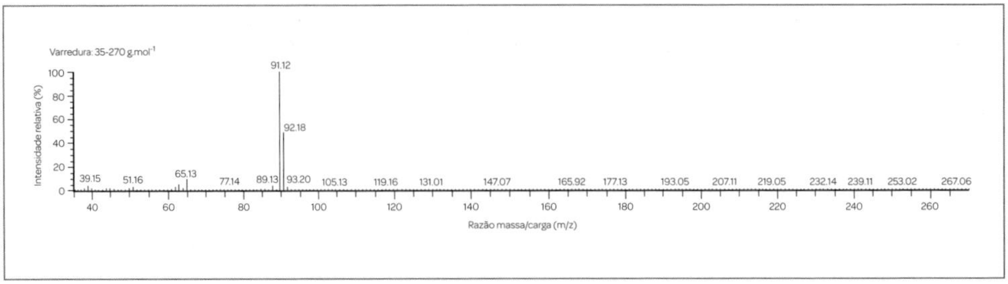

Figura 4.47 Fragmentograma do tolueno.

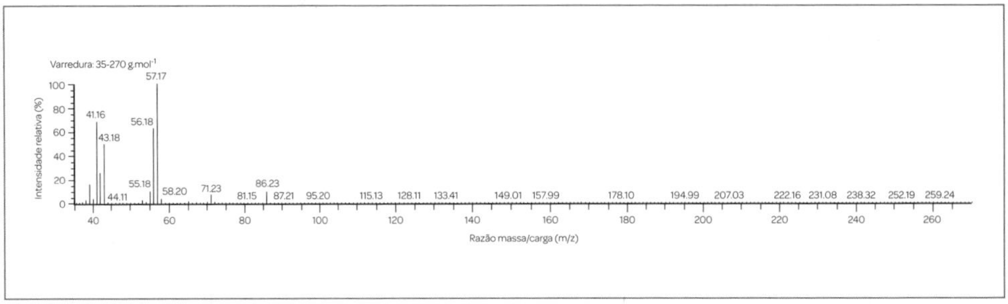

Figura 4.48 Fragmentograma do n-hexano.

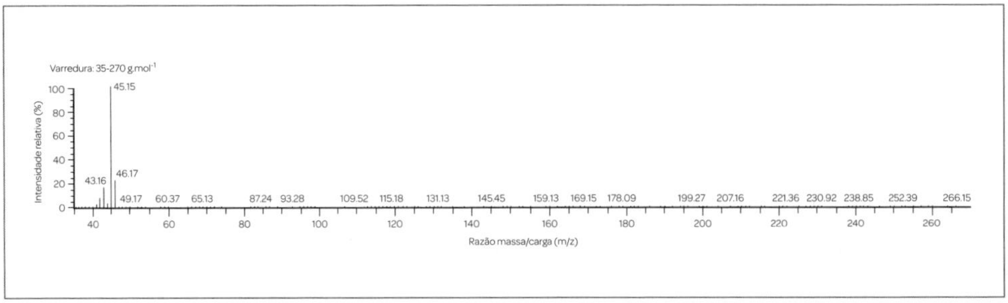

Figura 4.49 Fragmentograma do etanol.

Além das substâncias encontradas na amostra, esse método permite a análise de até 57 compostos, por exemplo: benzeno, tetracloreto de carbono, dissulfeto de carbono, clorofórmio, dicloroetano, clorobenzeno, diclorofluormetano, bromometano, bromofórmio, álcool terc-butílico, diisopropil éter, t-amil etil éter, diclorobenzeno, álcool isobutílico, cloreto de metileno, naftaleno, estireno, xilenos, tricloropropano, trimetilbenzeno, triclofluorometano, entre outros.

A cromatografia a gás pode ser também utilizada para amostras de ar atmosférico: o ar é bombeado por meio de colunas contendo materiais adsorventes e depois os analitos são dessorvidos para análise.

O cromatograma na Figura 4.50 é relativo a uma amostra coletada em um bairro residencial, em uma cidade que possui uma fábrica de sucos de laranja e ração bovina produzida com bagaço de laranja. As condições cromatográficas foram descritas na Tabela 4.26.

Tabela 4.26 Condições cromatográficas

Componente	Condições/características
Headspace	80 °C, 30 min.
Injeção	500 µL
Microsseringa	80 °C
Coluna	Fase 624, 60 m, 0,25 mm, 1,4 µm
Injetor	220 °C
Split	25:1
Hélio	0,8 mL.min.[1]
Forno	40 °C (5 min.), 6 °C/min. até 220 °C (7 min.).
Fonte de íons	250 °C
Energia de ionização	70 eV
Modo scan	42-280 *m/z*

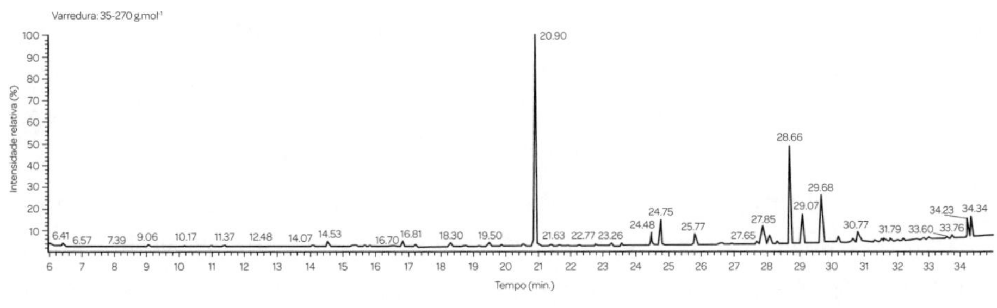

Figura 4.50 Cromatograma do ar atmosférico.

As seguintes substâncias foram identificadas: tolueno (20,90 min.), etil-benzeno (24,48 min.), p-xileno (24,75 min.), o-xileno (25,77 min.), hexanoato de metila (28,66 min.), 1,2,3-trimetilbenzeno (29,07 min.), d-limoneno (29,68 min.), 1,2-dietil-benzeno (30,77 min.), hexanoato de butila (34,23 min.) e octanoato de etila (34,34 min.). Como os resultados apresentaram compostos tóxicos, foram encaminhados para a Cetesb para avaliação.

CARBAMATO DE ETILA E CÂNCER (BEBIDAS DESTILADAS)

O carbamato de etila, também conhecido como uretana, possui a seguinte fórmula molecular: $C_3H_7NO_2$ e pode ser formado durante o aquecimento e migrar para o destilado durante a etapa de destilação dos fermentados, para a obtenção de bebidas destiladas em geral.

É altamente carcinogênico e seu limite máximo é tão baixo que alguns detectores utilizados na cromatografia a gás não o detectam, por exemplo, o detector de ionização por chama (FID), que não apresenta sensibilidade suficiente para conseguir quantificar a baixa concentração limite, sendo obrigatório o uso do detector por espectrometria de massa (MS).

O ponto de ebulição do carbamato de etila é 185 °C; então, sua presença pode ocorrer indevidamente nas frações finais do coração, mais próximas à cauda dos destilados; também incide com maior frequência e concentração nas frações finais da cauda.

O operador do destilador precisa ter o conhecimento prévio dos componentes do mosto e do tipo de destilado que será obtido para separar corretamente, por meio do fracionamento, esse composto carcinogênico, prezando pela saúde do consumidor final. O tipo de alambique, modelo de destilador, formato e altura das colunas também precisam ser de conhecimento prévio do operador, para evitar a presença do carbamato nas bebidas. Apesar dos possíveis danos à saúde, o limite máximo de carbamato de etila no Brasil foi aumentado de inicialmente 150 $\mu g.L^{-1}$ para 210 $\mu g.L^{-1}$.

Como a concentração é muito baixa, além do uso do espectrômetro de massa acoplado ao cromatógrafo a gás, é necessário utilizar a seleção prévia de fragmentos (modo SIM: *Selected Ion Monitoring*) antes da análise, ao invés do modo convencional de varredura (modo scan), para ter um aumento na sensibilidade do equipamento analítico.

Operando-se no modo SIM, foram selecionados os seguintes fragmentos: 89, 74 e 62 *m/z*. Para a qualificação, foram utilizados todos os fragmentos e para a quantificação apenas o fragmento 62 *m/z*. As condições cromatográficas foram descritas na Tabela 4.27 e, para evitar a saturação do detector e possível dano ao filamento, utilizou-se o *solvent cut* de 7 minutos.

Tabela 4.27 Condições cromatográficas

Componente	Condições/características
Injeção	1 μL
Coluna	Fase Wax, 30 m, 0,25 mm, 0,25 μm
Injetor	210 °C
Splitless	1 minuto de amostragem
Hélio	1,5 mL.min.[1]
Forno	90 °C (2 min.), 4 °C/min. até 150 °C, 10 °C/min. até 190 °C, 20 °C/min. até 230 °C (5 min.).
Fonte de íons	180 °C
Energia de ionização	70 eV
Solvent cut	7 min.
Modo SIM	89, 74, 62 *m/z*

Devido ao alto potencial carcinogênico, a análise da concentração de carbamato de etila é obrigatória para bebidas destiladas, seja no Brasil ou em outros países do mundo, para diversos destilados, como cachaças, aguardentes, bagaceiras, tequilas, uísques, vodca, pisco, grappa, entre outros, visando à preservação da saúde do consumidor.

CAPÍTULO 5
Cromatografia líquida de alta eficiência com detector de arranjo de diodos (HPLC-DAD)

A cromatografia líquida difere em relação à cromatografia a gás devido ao fato de a fase móvel ser um líquido e não um "gás de arraste", de acordo com a explanação no Capítulo 4. Esse líquido é geralmente uma mistura de dois ou mais solventes, selecionados pelo analista de acordo com a polaridade dos compostos da amostra e da fase estacionária presente no interior da coluna.

A separação ocorre pela interação dos analitos com as fases estacionária e móvel, existindo diversos tipos, por exemplo, colunas polares, intermediárias e apolares, assim como vários solventes que podem ser utilizados. Quando a coluna apresenta fase apolar e os solventes são relativamente polares, a cromatografia é denominada de fase reversa. Se a coluna for polar e os solventes relativamente apolares, é chamada de *cromatografia em fase normal.*

Em relação à polaridade da fase móvel, existem diversos solventes que podem ser utilizados para as análises cromatográficas, nas quais, quanto maior a interação do solvente com os analitos, maior será sua força eluente. O aumento na força eluente irá diminuir os tempos de retenção dos analitos, assim como a diminuição na força irá aumentar os tempos de retenção.

Como exemplo, para cromatografia em fase normal, alguns solventes possuem as seguintes forças eluentes: hexano (0,01), tolueno (0,22), diclorometano (0,30), acetato de etila (0,48), acetonitrila (0,52), acetona (0,53), tetraidrofurano (0,53), 2-propanol (0,60) e metanol (0,70). Em fase normal, solventes mais polares apresentam maior força eluente e, em fase reversa, são os solventes mais apolares. O analista deverá escolher corretamente os solventes a serem utilizados, de acordo com o tipo de cromatografia, além de verificar qual é a faixa espectroscópica na qual o solvente não irá interferir.

Para as separações, existem colunas empacotadas com diversos tamanhos, normalmente entre 15 e 30 centímetros; porém, existem colunas de comprimentos variados e até menores, por exemplo, com 5 centímetros e com alta resolução. O termo *empacotada* é o diferencial entre esse tipo de coluna e a coluna capilar, pois as *empacotadas* são de aço inox e preenchidas internamente com sílica com a fase estacionária quimicamente ligada à superfície das partículas.

O cromatógrafo líquido de alta eficiência (HPLC) atualmente é constituído por módulos: bandeja para solventes, degaseificador, bomba, porta-amostra e injetor automático, compartimento para controle de temperatura da coluna, detector e coletor de descarte. Existem modelos mais simples ou mais antigos, nos quais a injeção da amostra é manual, e não possuem controle de temperatura para a coluna.

Para a maioria dos métodos, usualmente injeta-se 20 microlitros de amostra e aplica-se o fluxo da fase móvel em 1 $mL.min.^{-1}$, verificando-se sempre a pressão do sistema, para não exceder os limites do equipamento. Os solventes mais utilizados são água ultrapura (Milli-Q), metanol e acetonitrila. Também pode-se utilizar diclorometano, acetato de etila, hexano e tetraidrofurano, dependendo do método aplicado e da força eluente necessária para promover a separação correta dos analitos, com alta resolução.

Entre as colunas disponíveis atualmente, as mais utilizadas são: octadecil polissiloxano (C18 ou ODS), octil (C8), fenil e amino (NH_2). Também existe a possibilidade de utilizar apenas sílica como fase estacionária, mas não é um método muito comum atualmente para HPLC. O tamanho das partículas da fase é variável e impactam a eficiência da separação, sendo mais usual o tamanho de 5 micrômetros.

Antes de realizar a passagem de solvente pela coluna, é obrigatório remover as possíveis bolhas e gases dissolvidos nos solventes e no sistema de bombeamento, abrindo-se a válvula da "purga" para que o solvente percorra apenas o módulo da bomba, evitando que as bolhas adentrem a coluna, o que pode comprometer a eficiência nas separações e os resultados cromatográficos. Os gases atmosféricos dissolvidos nos solventes são removidos no degaseificador. Existe a possibilidade de se colocar os solventes no sonicador previamente, para a remoção desses gases.

Se uma bolha não for corretamente removida, pode ficar presa na coluna cromatográfica, diminuindo a superfície de interação e prejudicando a separação dos analitos. Se muitas bolhas forem para a coluna, a eficiência cromatográfica poderá diminuir muito, inclusive até impedir a separação correta dos compostos da mistura.

Outro problema pode ocorrer se, por acaso, essa bolha interna se desprender da coluna e sair durante a análise. O detector não irá reconhecer o sinal e irá tender a zero ou valor negativo, apresentando uma queda brusca no cromatograma, seguido por uma linha reta horizontal próximo de zero no eixo Y, com posterior retorno à linha base e continuação da análise. Apresentará o aspecto de um cromatograma com um "buraco". Este é um exemplo clássico de problema no degaseificador ou de uma "purga" incompleta.

Além do problema com as bolhas, o preparo incorreto de amostra pode danificar permanentemente uma coluna. Um exemplo é quando as amostras não são corretamente filtradas, centrifugadas ou percoladas anteriormente em membranas de 0,45 micrômetros. Pequenas partículas residuais podem estar presentes na amostra e podem causar o início de "entupimento" da coluna. Esse evento é identificado facilmente quando a pressão do sistema sobe demasiadamente em relação à pressão nominal de operação.

Deve-se sempre estabilizar o HPLC e anotar o valor da pressão nominal do método, com as condições previamente estabelecidas, como porcentagem dos solventes, tipo de fase estacionária, tamanho e marca da coluna cromatográfica, fluxo da fase móvel e temperatura de operação.

Como observação, as pressões nominais poderão ser discretamente diferentes em função de distintas marcas da coluna, além do tempo de uso. É recomendável o uso de uma pré-coluna, porque, se ocorrer a passagem de partículas sólidas durante o preparo das amostras ou impurezas com alta massa molecular, ou se partículas estiverem presentes em solventes, ficarão retidas na pré-coluna, preservando a coluna cromatográfica.

Todas as etapas de preparo de amostras e de extratos devem ser realizadas, por exemplo, filtração, centrifugação, decantação, diluição, adsorção, partição, concentração, remontagem e filtração final em membrana de 0,45 micrômetros, prezando pela conservação do HPLC.

Existem diversos tipos de detectores: detector de arranjo de diodos (DAD), por índice de refração (RID), por fluorescência e espectrômetro de massa (MS), entre outros. Cada detector apresenta suas particularidades, aplicações e limites de detecção e quantificação, assim como relação custo-benefício.

Existem métodos para aumentar a concentração dos analitos, que podem estar em concentrações tão baixas que os detectores não conseguem quantificar. Por extração em fase sólida (SPE), por exemplo, um volume considerável de amostra é percolado em cartuchos, que irão reter os analitos de interesse, e depois serão eluídos com um solvente específico, resultando em maior concentração final e possibilitando a análise.

A escolha do detector pelo operador depende da resposta das substâncias de interesse e das faixas de concentrações para quantificação. Neste estudo, os detectores DAD e RID foram utilizados, de acordo com a resposta necessária para os analitos nas amostras analisadas.

ANÁLISE DE CHÁS: TEORES DE CAFEÍNA

A cafeína é uma molécula estimulante amplamente consumida pela humanidade, seja em bebidas, como café, refrigerantes e energéticos, em barras de chocolate ou em comprimidos, em medicamentos para dores de cabeça ou dores musculares.

A presença de cafeína em certas bebidas é desejável, porém, em outras, o efeito esperado da bebida pode ser anulado devido a consideráveis concentrações dessa molécula. Um exemplo seriam chás que têm como objetivo acalmar e relaxar as pessoas, como erva-doce (funcho), erva-cidreira (melissa), hortelã, camomila, flor de maracujá (passiflora), entre outros.

Por meio da cromatografia líquida de alta eficiência (HPLC) é possível determinar em quais amostras de chá existe a presença de cafeína e quantificar as suas concentrações, pois existem vegetais que podem produzir baixas ou altas concentrações de cafeína e outros que não produzem. Os chás mate, preto e verde possuem elevadas concentrações desse analito.

O método utilizado para essa análise consiste, antes da determinação quantitativa das amostras, na calibração externa do HPLC, com detector de arranjo de diodos (DAD). Para isso, padrões de cafeína foram preparados, na faixa de concentração entre 1 e 10 mg.100 mL^{-1}. A curva de calibração foi representada na Figura 5.1.

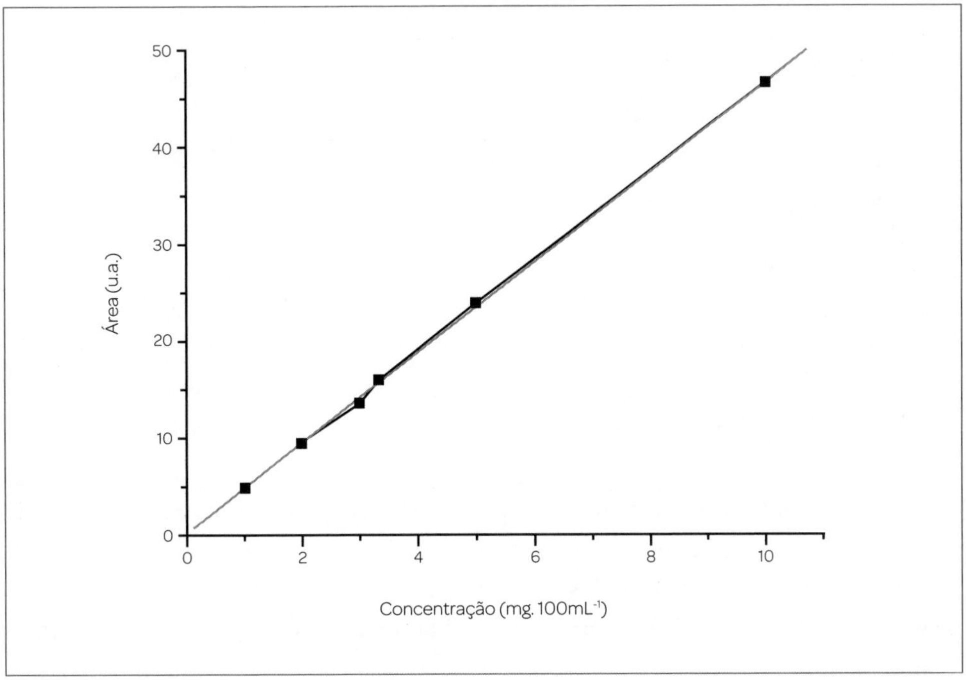

Figura 5.1 Curva de calibração para cafeína.

Na Figura 5.2 está representado um cromatograma do padrão de cafeína com tempo de retenção de 4,940 minutos e, na Figura 5.3, os resultados da regressão linear, em que o R^2 foi de 0,99975. Os coeficientes linear e angular foram 0,30551 e 4,63155, respectivamente, e o desvio-padrão relativo médio foi de ± 0,39%.

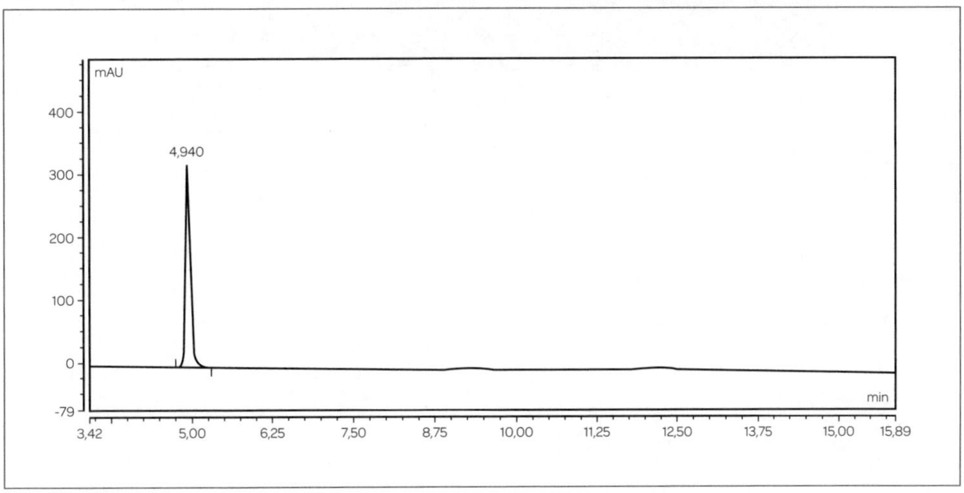

Figura 5.2 Cromatograma do padrão de cafeína.

Regressão linear para Data1_B:
Y = A + B x X

Parâmetro	Valor		
A	0,30902		
B	4,63132		
R	SD	N	P
0,99975	0,37455	6	<0,0001

Figura 5.3 Resultados da regressão linear.

A Figura 5.4 representa a análise em três dimensões (3D *field*). Por meio do 3D, identificou-se o lambda máximo da cafeína em 274 nm, valor de absorbância máximo utilizado nas quantificações. As condições cromatográficas do método foram descritas na Tabela 5.1. Esse método foi avaliado para colunas com 25 ou 30 cm de comprimento.

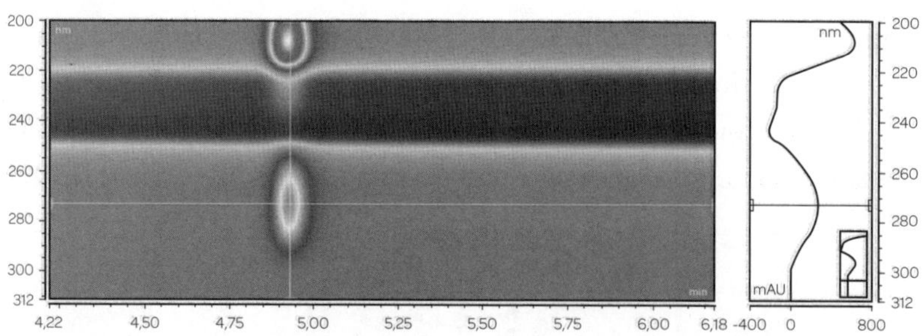

Figura 5.4 Análise em três dimensões (3D *field*).

Tabela 5.1 Condições cromatográficas

Componente	Condições/características
Coluna	C18 (25 cm × 4,6 mm × 5 μm) ou C18 (30 cm × 4,6 mm × 5 μm)
Fase móvel	H_2O:ACN = 80:20 (isocrático)
Fluxo	1 mL.min^{-1}
Pressão	120-140 Bar
Injetor	10 μL
Lambda	274 nm
Tempo de retenção	4,96 min. (25 cm) ou 5,17 min. (30 cm)
Temperatura da coluna	30 °C
Tempo de análise	20 minutos

Para as análises de chá, o procedimento foi uma simulação de preparo de chá da forma tradicional de infusão, para quantificar em média a quantidade de cafeína que pode ser extraída e consumida nesse método, como se uma pessoa estivesse preparando 100 mL de chá.

Para não sobrecarregar o HPLC, as amostras foram extraídas com o fator de diluição igual a oito, em 800 mL de água Milli-Q. Como observação, deve-se utilizar fator de diluição maior do que oito para chás com maiores concentrações de cafeína ou com maiores tempos ou temperaturas de extração.

Inicialmente, aqueceu-se 800 mL de água Milli-Q a 70 °C e adicionou-se o saquinho de chá, agitando-se por dois minutos. Após isso, retirou-se o saquinho de chá, adicionou-se óxido de magnésio para decantação, resfriou-se o extrato, centrifugou-se e filtrou-se em membrana de 0,45 μm, para analisar no HPLC. Os resultados obtidos (concentração 1) foram multiplicados pelo fator de diluição e representados na Tabela 5.2 (concentração 2).

Tabela 5.2 Teor de cafeína em amostras de chá

Amostra (chá)	Área (u.a.)	Concentração 1 (mg.100 mL^{-1})	Concentração 2 (mg.100 mL^{-1})
Chá preto (marca A)	20,5256	4,3657	34,9256
Chá verde (marca A)	20,4827	4,3565	34,8520
Chá verde (marca B)	11,9738	2,5193	20,1544
Chá mate (marca A)	6,4569	1,3282	10,6256
Chá mate (marca B)	7,6882	1,5940	12,7520
Chá mate com canela	3,7368	0,7409	5,9272
Chá preto com frutas vermelhas	4,3522	0,8737	6,9896
Hortelã	n.d.	n.d.	n.d.

Tabela 5.2 Teor de cafeína em amostras de chá

Amostra (chá)	Área (u.a.)	Concentração 1 (mg.100 mL^{-1})	Concentração 2 (mg.100 mL^{-1})
Erva-doce	n.d.	n.d.	n.d.
Camomila	n.d.	n.d.	n.d.
Capim cidreira	n.d.	n.d.	n.d.
Melissa com sálvia e jasmim	n.d.	n.d.	n.d.

Pode-se concluir que os valores de concentração para cafeína nas amostras de chás preto e verde (marca A) são praticamente os mesmos, sendo ambos originários da mesma planta (*Camellia sinensis*) e do mesmo fabricante, com diferentes processos produtivos, então a quantidade de cafeína é a mesma no vegetal de origem e não ocorreu oxidação ou pirólise da molécula durante os processos distintos.

Como observação, as concentrações de cafeína podem variar em função da região de plantio, solo, clima, época do ano, adubação, índices pluviométricos, amplitudes térmicas, processamentos industriais distintos, secagem, conservação, amostras próximas à validade, oxidadas, que foram armazenadas em altas temperaturas ou com umidade residual alta, entre outros fatores. Essa variação pode ser observada em diferentes marcas de chá verde.

Durante a etapa de extração em meio líquido para a *Camellia sinensis*, se for utilizado maior tempo, maior temperatura e/ou maior agitação, maiores concentrações de cafeína poderão ser extraídas em fase líquida, sendo necessário utilizar volume superior a 800 mL de água Milli-Q, com fator de diluição maior do que oito.

Os chás mistos de frutas vermelhas com chá preto e chá mate com canela apresentaram menores concentrações de cafeína, devido à mistura de demais plantas que não são produtoras dessa substância. No chá de frutas vermelhas, a cafeína teve procedência do chá preto e, no chá mate com canela, das folhas de erva-mate (*Ilex paraguariensis*). Para as demais amostras de chás, utilizados para acalmar e relaxar, com consumo predominantemente vespertino e noturno, a cafeína, como esperado, não foi detectada.

Alguns produtos para pré-treino de hipertrofia muscular ou atividade aeróbica possuem altas concentrações de cafeína, para estimular o organismo, contendo, além da cafeína, a taurina. A taurina pode ser encontrada também em bebidas energéticas, em alguns tipos de leite em pó para bebês e em rações para felinos, gerando benefícios ao corpo humano e aos animais.

Além do método desenvolvido anteriormente, também foi possível quantificar a cafeína em uma coluna cromatográfica menor, com diminuição da força eluente da fase móvel para possibilitar a separação correta dos analitos, com as condições descritas na Tabela 5.3.

Tabela 5.3 Condições cromatográficas

Componente	Condições/características
Coluna	C18 (15 cm × 4,6 mm × 5 μm)
Fase móvel	H_2O:ACN = 90:10 (isocrático)
Fluxo	1 mL.min^{-1}
Pressão	78-86 Bar
Injetor	10 μL
Lambda	274 nm
Temperatura da coluna	30 °C
Tempo de análise	20 minutos

Uma amostra de chá verde, preparada de acordo com as condições anteriores, foi injetada no HPLC, com o cromatograma representado na Figura 5.5. O pico majoritário teve seu tempo de retenção confirmado com as injeções prévias de padrões de cafeína durante a nova calibração.

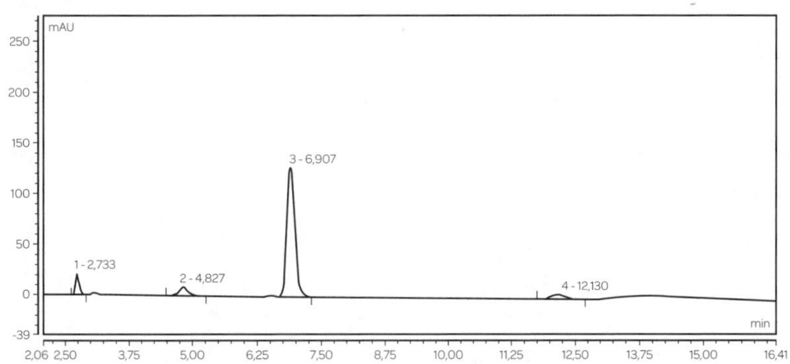

Figura 5.5 Cromatograma do chá verde diluído.

Para comparar o resultado entre fabricantes diferentes de colunas cromatográficas, uma coluna de 15 cm de outra empresa foi instalada no HPLC, apresentando maior retenção da cafeína (TR = 8,430 min.) e menor pressão nominal de trabalho (P = 50 Bar), indicando superior desempenho cromatográfico e empacotamento menos denso (menor pressão).

PESTICIDAS EM ÁGUA: NEONICOTINOIDES (IMIDACLOPRID, THIAMETOXAM, CLOTHIANIDIN, ACETAMIPRID E THIACLOPRID)

Os neonicotinoides são um conjunto de substâncias com ação inseticida, conhecidos como: imidacloprid, thiametoxam, dinotefuran, nitenpyran, clothianidin, acetamiprid e thiacloprid. São utilizados em larga escala mundial, porém, como agravante, podem levar à mortandade de insetos benéficos, por exemplo, as abelhas que realizam a polinização dos vegetais.

Com a morte acentuada das abelhas, as produções mundiais de alimentos podem decair, aumentando a necessidade de expandir as áreas produtivas. O bom uso dos defensivos agrícolas é essencial, respeitando-se dosagens, períodos de aplicação e carências, evitando-se o excesso desnecessário nas aplicações. Em alguns países, estão em andamento trâmites para a proibição do uso dos neonicotinoides.

Visando à preservação das abelhas e da qualidade das águas de rios, lagos, poços, mananciais e regiões de abastecimento de lençol freático, assim como da água potável, pode-se aplicar a cromatografia líquida de alta eficiência (HPLC) para comprovar as concentrações limite de cada neonicotinoide. As condições cromatográficas foram descritas na Tabela 5.4.

Tabela 5.4 Condições cromatográficas

Componente	Condições/características
Coluna	C18 (30 cm × 4,6 mm × 5 µm)
Fase móvel	H_2O:ACN = 75:25 (isocrático)
Fluxo	1 mL.min^{-1}
Pressão	125-145 Bar
Injetor	20 µL
Lambda	270 nm
Temperatura da coluna	30 °C

Após a injeção dos padrões, obtiveram-se as curvas de calibração, com alta linearidade. Para as análises de dinotefuran e nitenpyran, as condições cromatográficas foram discretamente modificadas para aumento de resolução dos picos. O cromatograma de uma amostra de água potável, após extração com diclorometano (DCM), concentração, evaporação e remontagem com fase móvel, foi representado na Figura 5.6. A análise em três dimensões (3D *field*) foi representada na Figura 5.7.

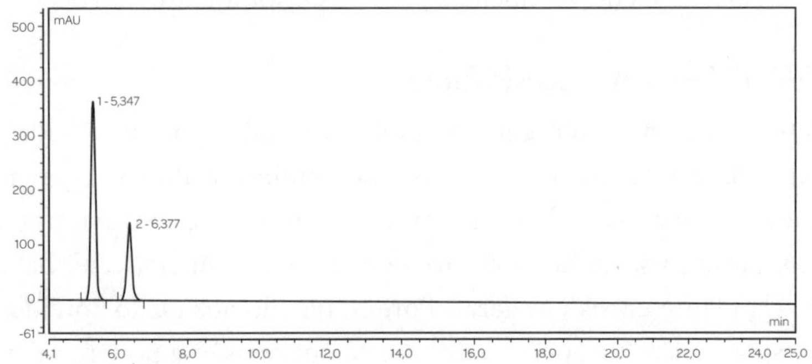

Figura 5.6 Cromatograma de água contaminada (extração DCM).

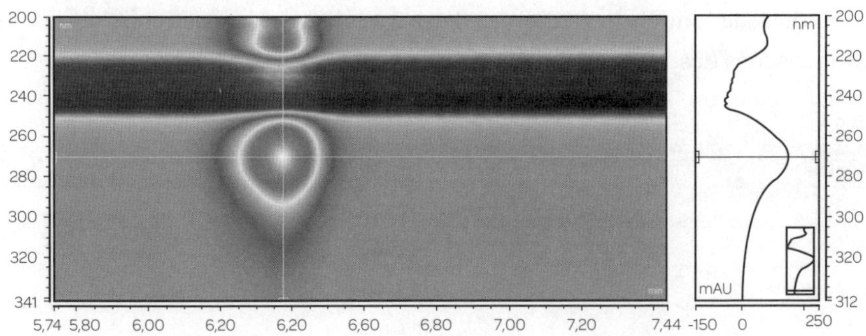

Figura 5.7 Análise em 3D *field* do imidacloprid.

Na amostra analisada, o pico em 6,377 minutos foi atribuído ao imidacloprid. Concluiu-se que, apesar de a amostra de água ser de considerável procedência e qualidade, em algum momento, esse inseticida migrou das áreas de plantio para as áreas de captação de água potável.

Esse método também pode ser aplicado em amostras de mel, por meio da extração com solvente, partição, concentração da amostra e remontagem na fase móvel utilizada. Além do mel contaminado, em uma visita a uma propriedade rural produtora de mel, várias abelhas estavam mortas em frente às colmeias, um indicativo de contaminação das abelhas por pesticidas.

As abelhas que estavam dentro da colmeia não permitiram a entrada das demais abelhas que estavam possivelmente contaminadas, para evitar a exposição da colmeia e da abelha rainha, então, as que estavam fora da colmeia acabaram vindo a óbito. Para confirmação da contaminação, é possível realizar a extração de pesticidas das asas e dos torsos dessas abelhas para posterior análise no HPLC.

PESTICIDAS EM ÁGUA: CLORPIRIFÓS

O clorpirifós é um composto organofosforado utilizado como inseticida para controle de pulgões, brocas, ácaros, lagartas, cochonilhas, psilídeo, cigarrinha, entre outros. Pode ser aplicado em diversas culturas, como feijão, ervilha, trigo, lentilha, maçã, sorgo, pastagens, milho, soja, tomate, cevada, centeio, café, batata, aveia, amendoim, algodão e citros em geral. Porém, devido aos efeitos prejudiciais, em alguns países da União Europeia, seu uso está em revisão e poderá ser potencialmente proibido.

Devido à toxicidade, é obrigatório o uso de equipamento de proteção individual (EPI) durante a aplicação e evitar a entrada na área pulverizada por 24 horas após a pulverização. O intervalo de segurança (período de carência) é de aproximadamente 21 dias, dependendo da cultura. Para a análise desse inseticida, utilizaram-se as configurações descritas na Tabela 5.5.

Tabela 5.5 Condições cromatográficas

Componente	Condições/características
Coluna	C18 (30 cm × 4,6 mm × 5 µm)
Fase móvel	H_2O:MeOH = 20:80 (isocrático)
Fluxo	1 mL.min^{-1}
Pressão	110-125 Bar
Injetor	20 µL
TR (min.)	12,88-13,20
Lambda	292 nm
Temperatura da coluna	35 °C

O cromatograma representado na Figura 5.8 é referente a uma extração com diclorometano (DCM), concentração e remontagem com fase móvel, de uma amostra que indicou contaminação por clorpirifós, com pico em 12,89 minutos. A Figura 5.9 representa a análise em três dimensões (3D *field*) para comprovação dos comprimentos de onda de máxima absorção (Lambda máximo).

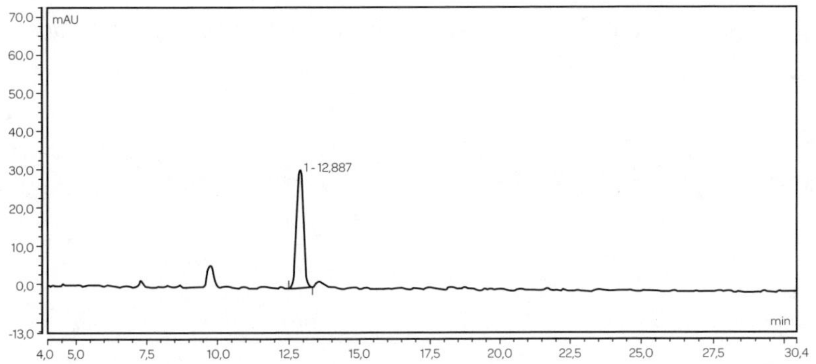

Figura 5.8 Amostra contaminada com clorpirifós (extração DCM).

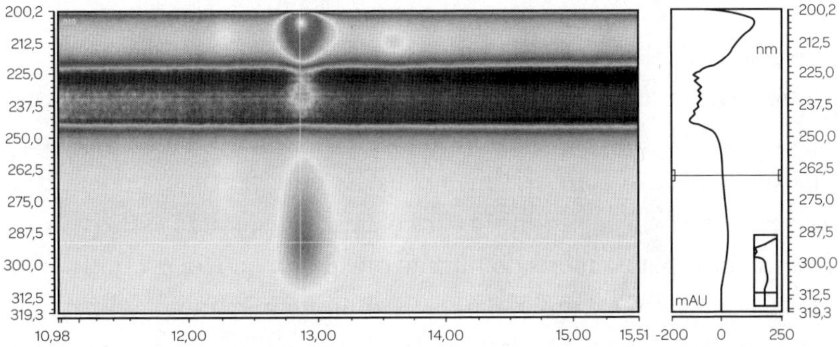

Figura 5.9 Análise 3D *field* do pico do clorpirifós.

Devido à alta toxicidade e ao potencial de contaminação de alimentos e água potável, os Estados Unidos, em sinergia com a União Europeia, estão revisando o uso desse pesticida, com possível restrição devido aos danos que pode causar no ecossistema e no organismo humano, como exemplo, diminuição da capacidade cognitiva. A proibição do uso na Europa foi determinada em 2020 e nos Estados Unidos, em 2022. No Brasil, ainda não foi realizada a proposta de restrição.

PESTICIDAS EM ÁGUA: DIMETOATO

O dimetoato é um acaricida e inseticida sistêmico do grupo químico dos organofosforados. Pode ser utilizado nas culturas de tomate, maçã, trigo, algodão e citros em geral, para o combate de pulgões, ácaros, cochonilhas, minadora e demais insetos.

Para a quantificação desse composto, a extração foi realizada com diclorometano (partição líquido-líquido, concentração e remontagem) e utilizou-se a cromatografia líquida de alta eficiência (HPLC), com as condições operacionais descritas na Tabela 5.6.

Tabela 5.6 Condições cromatográficas

Componente	Condições/características
Coluna	C18 (15 cm × 4,6 mm × 5 µm)
Fase móvel	H_2O:MeOH = 60:40 (isocrático)
Fluxo	1 mL.min^{-1}
Pressão	123-128 Bar
Injetor	20 µL
Lambda	204 nm
Temperatura da coluna	30 °C

Devido à alta toxicidade, a União Europeia vetou o uso do dimetoato na produção de frutas e sucos cítricos no ano de 2019. Como na Europa a entrada de produtos contendo dimetoato residual foi proibida em 2020, no Brasil, as frutas e sucos cítricos para exportação com destino aos países europeus não podem conter esse pesticida, sendo evitado na produção agrícola para envio para esses países. Na produção de alimentos para o mercado interno brasileiro, não foi proposta restrição ao uso do pesticida. Como exemplo, no Brasil, o limite máximo de dimetoato em tomate é de 1,0 mg.kg^{-1} e de 2,0 mg.kg^{-1} em citros. A análise de uma amostra (extrato) foi representada no cromatograma da Figura 5.10, com pico do dimetoato em 7,20 minutos. A análise 3D *field* foi representada na Figura 5.11.

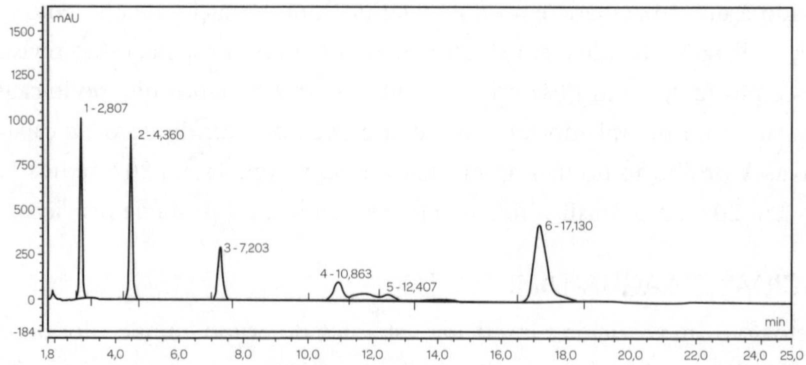

Figura 5.10 Cromatograma de amostra (extrato) contendo dimetoato.

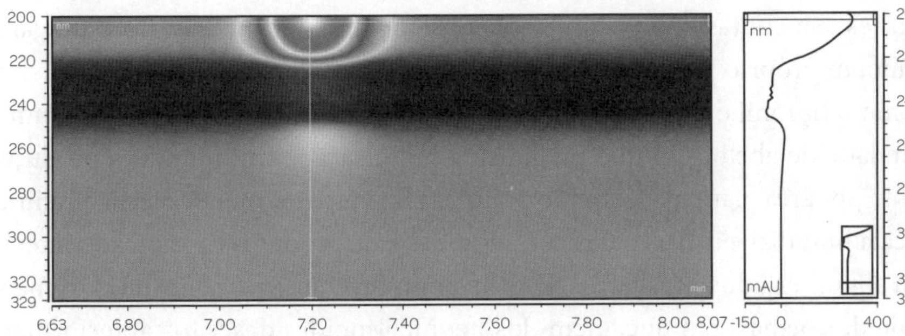

Figura 5.11 Análise em 3D *field* do pico do dimetoato.

Como observação, esse método também pode ser utilizado para análise de dimetoato em amostras de mel possivelmente contaminadas, com substituição da etapa de extração. Para mel, inicialmente dilui-se com água Milli-Q, aumenta-se levemente o pH com NaOH, adiciona-se acetonitrila (ACN) e sulfato de magnésio. Após cada adição de reagente, agita-se. Em seguida às etapas anteriores, centrifuga-se e coleta-se o sobrenadante para análise.

Para verificar diferenças entre fabricantes de HPLC, o mesmo método para dimetoato foi aplicado em um outro cromatógrafo, com as mesmas condições operacionais, inclusive, com a mesma coluna. Verificou-se que houve um considerável aumento no tempo de retenção do analito, com eluição em 8,59 minutos.

A pressão do sistema estava próxima de 110 kgf.cm^{-2} e a curva de calibração apresentou os seguintes coefientes: angular de 7113,16, linear de 3260 e de correlação igual a 0,99944. Provavelmente, o sistema de bombeamento está liberando um menor volume de solvente por minuto do que o HPLC anterior, atrasando a eluição e aumentando o tempo de retenção do dimentoato. Por este motivo, é importante sempre verificar o HPLC com padrões, além de realizar as manutenções preventivas, inclusive do sistema de bombeamento.

PESTICIDAS EM ÁGUA: FIPRONIL, CHLORFENAPYR E PYRIPROXYFEN

O fipronil é um inseticida genérico que pode combater desde pulgas e carrapatos em cães, gatos e cavalos, e piolhos em frangos de granjas até cupins, ácaros e demais insetos em plantações, além de formigas em geral, incluindo em ambientes domésticos. Como exemplo, existem no mercado bisnagas para aplicação contendo iscas para formigas, que contêm o fipronil e apresentam grande resultado após o uso.

Porém, deve-se evitar a ingestão acidental através de água ou alimentos contaminados. Um caso real ocorreu na Europa há alguns anos: uma quantidade enorme de ovos estava contaminada com essa substância, sendo necessário o descarte do alimento, impróprio para o consumo humano, em diversos países europeus.

Como o fipronil é um inseticida, seu amplo uso mundial está causando uma alta mortandade de abelhas, o que prejudica a polinização, diminuindo a produção de alimento por área plantada, gerando prejuízos financeiros, menor oferta de alimentos em escala mundial e inflação das commodities e de produtos de mercado interno.

Em alguns estados brasileiros, já ocorreram diversos episódios de extrema mortandade de abelhas, em que, além dos neonicotinoides descritos anteriormente, a presença do fipronil foi confirmada por meio das análises.

Com isso, verifica-se que o uso dos inseticidas deve ser efetuado de maneira consciente, sem excessos, respeitando-se as áreas de aplicação e recomendações de dosagem dos fabricantes, para evitar contaminações ambientais, de água potável e alimentos, e também para preservar insetos benéficos, como as abelhas.

O fipronil pode ser utilizado em culturas como algodão, soja, milho, batata, arroz, feijão e cana-de-açúcar. Neste trabalho, as condições cromatográficas para a quantificação desse composto foram descritas na Tabela 5.7.

Tabela 5.7 Condições cromatográficas

Componente	Condições/características
Coluna	C18 (15 cm × 4,6 mm × 5 μm)
Fase móvel	H_2O:ACN = 20:80 (isocrático)
Fluxo	1 mL.min^{-1}
Pressão	43-50 Bar
Injetor	20 μL
Lambda	270 nm
Temperatura da coluna	30 °C

Para a extração, utilizou-se funil de separação, cloreto de sódio e tolueno. O extrato foi posteriormente concentrado e remontado em fase móvel. Como exemplos de intervalos de segurança (período de carência) para essa substância, em soja é de 60 dias e, em algodão de 30 dias, com aplicação foliar. Esse método pode ser aplicado em conjunto com chlorfenapyr e pyriproxyfen para quantificações simultâneas. O cromatograma de uma amostra foi representado na Figura 5.12, com o pico em 3,37 minutos atribuído ao fipronil.

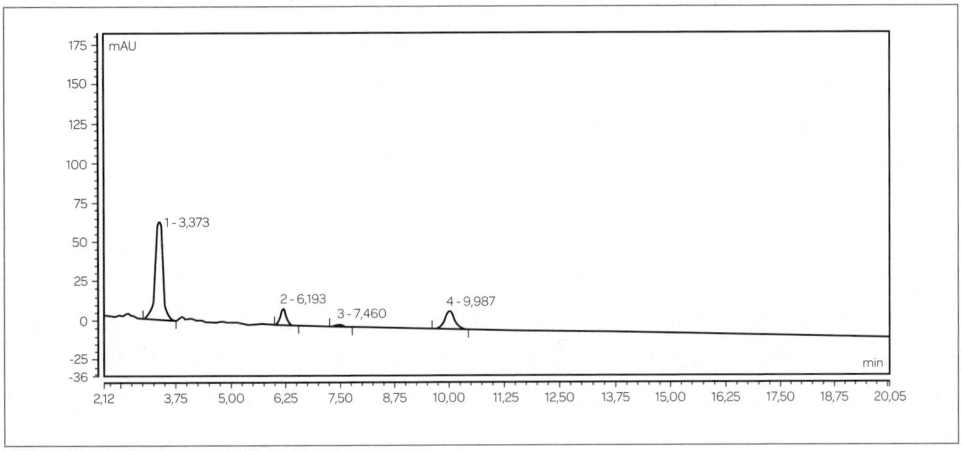

Figura 5.12 Cromatograma de amostra contendo fipronil.

Como observação, um pequeno *drift* da linha base foi observado nesse cromatograma, mesmo com a utilização de comprimento de onda de referência, temperatura controlada da coluna e fase móvel em modo isocrático. Observou-se que para esse modelo de HPLC, após ligar o equipamento, o aquecimento das lâmpadas de tungstênio e de deutério está demorando um pouco mais do que o normal para estabilizar a linha base. Pode ser um indicativo de problema nas lâmpadas ou na parte elétrica. Para efeito comparativo, as análises que se encontram no Capítulo 6 foram realizadas também em outro HPLC, de diferente fabricante, para verificação.

ANÁLISE DE MEL: 5-HIDROXIMETILFURFURAL

Para este capítulo, dois cromatógrafos de marcas diferentes foram utilizados, com quatro condições cromatográficas distintas, para efeito comparativo, determinação das melhores condições de separação e verificação do pequeno *drift* da linha base observado anteriormente.

As análises de mel são importantes para verificar a qualidade, o frescor, as condições de armazenamento e transporte, o período de validade, assim como possíveis adulterações e fraudes em amostras distintas, além da determinação de procedência e composição, o que confere diferentes aromas e sabores a cada amostra.

Assim que o mel é extraído, a concentração de 5-hidroximetilfurfural (5-HMF) é muito baixa, mas sua concentração tende a aumentar com o chamado tempo de prateleira (*shelf life*), que indica o período de validade em que a amostra ainda mantém suas características sensoriais aceitáveis.

A formação do 5-HMF ocorre devido à reação de Maillard, quando há a conversão de moléculas de açúcares, principalmente por aquecimento. Então, se durante o processamento do mel, transporte ou armazenamento as temperaturas forem relativamente altas, ocorrerá a maior formação de 5-HMF.

A produção desse composto também ocorre naturalmente ao longo do tempo, após o envase do mel; então, essa molécula pode ser um indicativo do frescor do produto, já que méis novos apresentam menores concentrações; portanto, amostras próximas do final da validade irão apresentar maiores concentrações.

O limite máximo permitido depende da normativa vigente, sendo diferente entre países distintos, sobretudo países tropicais, em que a tolerância é um pouco maior. Geralmente, a concentração máxima é 40 $mg.kg^{1}$ em países de clima temperado e até 80 $mg.kg^{-1}$ em países tropicais. No Brasil, o limite atual é de 60 $mg.kg^{-1}$, porém é sempre importante consultar atualizações de legislações e modificações de limites.

Neste trabalho, várias amostras foram analisadas em relação aos teores do analito de interesse, em relação aos períodos de validade e às condições ambientais. Algumas amostras foram armazenadas a 30 °C, outras expostas ao sol, simulando condições de temperatura em regiões tropicais.

Algumas amostras foram analisadas cineticamente, durante um ano, comprovando-se o aumento das concentrações de 5-HMF em méis mais velhos.

Essa molécula foi definida como irritante para pele e olhos, com toxicidade determinada por dose letal de 50% em ratos (DL_{50}) igual a 2,5 $g.kg^{-1}$, podendo causar convulsões prévias ao óbito. Para a análise no HPLC, as condições cromatográficas (teste inicial) foram descritas na Tabela 5.8.

Tabela 5.8 Condições cromatográficas (teste inicial)

Componente	Condições/características
Coluna	C18 (30 cm × 4,6 mm × 5 μm)
Fase móvel	H_2O:ACN = 80:20 (isocrático)
Fluxo	1 $mL.min^{-1}$
Pressão	98-120 Bar
Injetor	20 μL
Lambda	285 nm
Temperatura da coluna	30 °C

Para confirmação do tempo de retenção, um padrão diluído foi injetado no cromatógrafo, com o cromatograma e a análise em 3D *field* representados nas Figuras 5.13 e 5.14. A curva de calibração foi determinada previamente às quantificações das amostras. As amostras de mel foram devidamente diluídas, centrifugadas e filtradas em membrana de 0,45 μm.

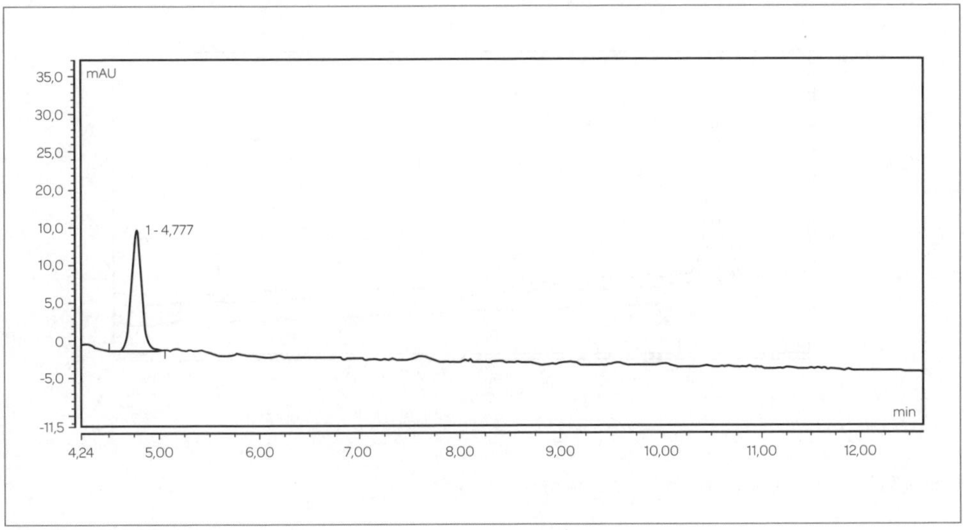

Figura 5.13 Cromatograma do 5-HMF.

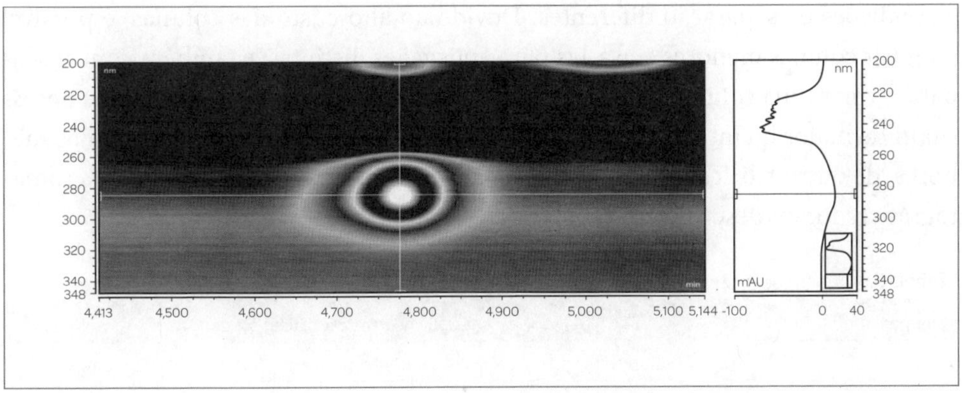

Figura 5.14 Análise 3D *field* do 5-HMF.

Para efeito comparativo, três amostras diferentes de mel foram analisadas, com os cromatogramas representados na Figura 5.15. O pico majoritário é referente ao 5-HMF. Observou-se uma tendência em que as amostras de mel mais velhas apresentaram maiores concentrações do analito. Conforme já descrito, o pequeno *drift* da linha base foi novamente observado.

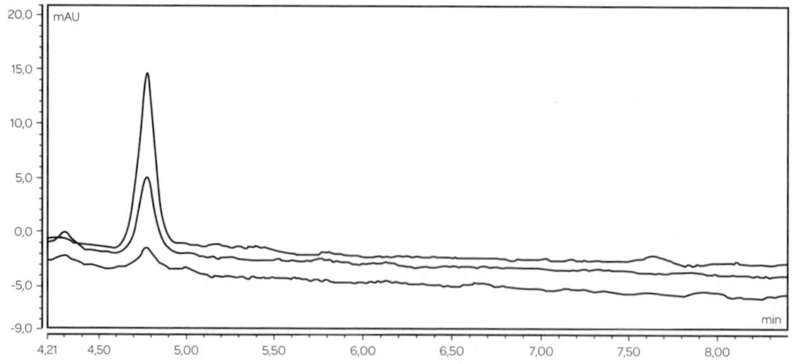

Figura 5.15 Cromatogramas de três amostras de mel.

Além das análises realizadas anteriormente para 5-HMF, utilizou-se outro cromatógrafo líquido de alta eficiência (HPLC), de outro fabricante, com configuração e condições de separação diferentes. Devido ao alto custo das colunas, é possível adquirir colunas menores e usá-las para aplicações distintas, e também conectá-las para formar uma coluna maior, para amostras cujas separações dos analitos necessitam de maior quantidade de fase estacionária. Nesse exemplo, duas colunas menores, de outro fabricante, foram interligadas para a análise e as condições cromatográficas foram descritas na Tabela 5.9.

Tabela 5.9 Condições cromatográficas

Componente	Condições/características
Colunas	C18 (15 cm × 4 mm × 5 μm) + C18 (12,5 cm × 4 mm × 5 μm)
Fase móvel	H_2O:ACN = 90:10 (isocrático)
Fluxo	1 mL.min^{-1}
Pressão	130-135 kgf.cm^{-2}
Injetor	20 μL
Lambda	285 nm
Temperatura da coluna	30 °C

Como o tamanho das duas colunas interligadas (27,5 cm) estava um pouco menor do que a coluna anterior de 30 cm e o diâmetro interno dessas colunas também era inferior (4 mm), menor quantidade de fase estacionária estava disponível nesse método. Com isso, a fase móvel foi alterada para H_2O:ACN = 90:10, a fim de diminuir a força eluente da mistura de solventes e promover a separação correta dos analitos.

Em um teste preliminar, análises com aplicação da fase móvel na proporção anterior (H_2O:ACN = 80:20) resultaram em baixa resolução cromatográfica, com sobreposição de picos, representada na Figura 5.10. Então, amostras de mel e hidromel foram analisadas com H_2O:ACN = 90:10 e representadas nas Figuras 5.11 a 5.13, com desvio-padrão relativo médio de ± 0,22% e pico do 5-HMF entre 4,23 e 4,25 minutos.

Como observação, esse sistema com duas colunas foi montado em um cromatógrafo de marca diferente do utilizado nas análises anteriores, no início deste capítulo. Para comparação dos equipamentos diferentes, as mesmas amostras e os mesmos padrões foram analisados em ambos os cromatógrafos, com o mesmo sistema de duas colunas, sem diferenças significativas nos resultados obtidos para as concentrações do 5-HMF. Observou-se que o pequeno problema associado ao *drift* da linha base não ocorreu no HPLC do segundo fabricante (Figuras 5.16 a 5.19).

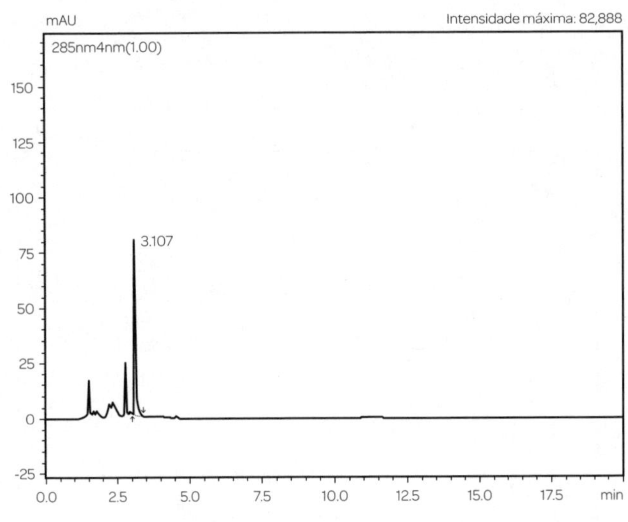

Figura 5.16 Baixa resolução cromatográfica (H_2O:ACN = 80:20).

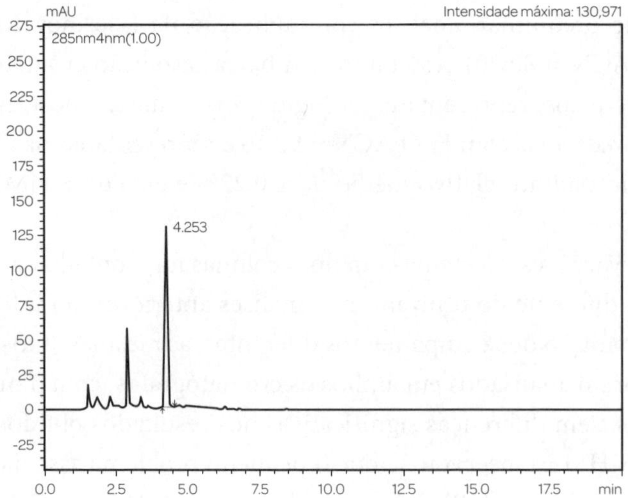

Figura 5.17 - Amostra de mel "velha" (H_2O:ACN = 90:10).

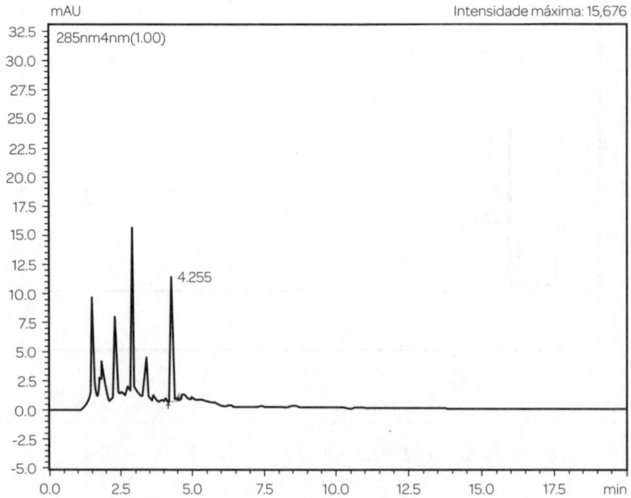

Figura 5.18 Amostra de mel "nova" (H_2O:ACN = 90:10).

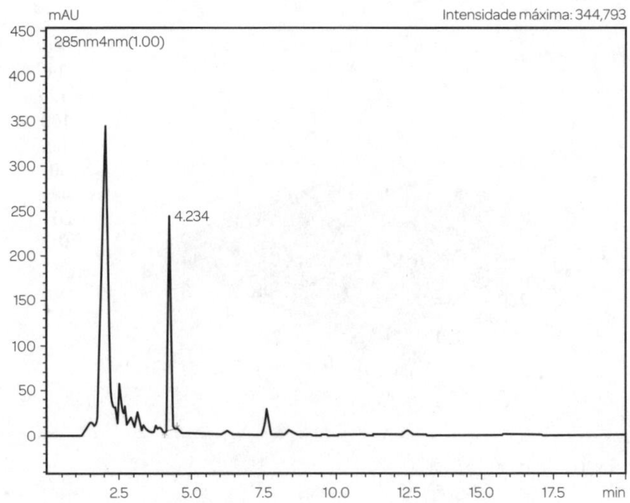

Figura 5.19 Amostra de hidromel (H_2O:ACN = 90:10).

Observou-se que, entre as amostras de mel "nova" e "velha", o pico relativo ao 5-HMF apresentou menor área, ou seja, menor concentração para a amostra de mel mais recente, com menor conversão em 5-HMF. A amostra próxima do final do período de validade ("velha") apresentou maior concentração do analito devido ao tempo decorrido após o envase do mel, que promoveu a produção por meio da reação de Maillard.

A amostra de hidromel apresentou uma concentração considerável de 5-HMF, provavelmente devido ao aquecimento prévio do mel durante o preparo do mosto, para posterior resfriamento e, então, inoculação das leveduras a fim de que ocorresse a fermentação.

A Figura 5.20 representa a análise em 3D para outra amostra de mel, relativamente "velha", evidenciando o pico do 5-HMF, com comprimento de onda de absorção máxima em 285 nm.

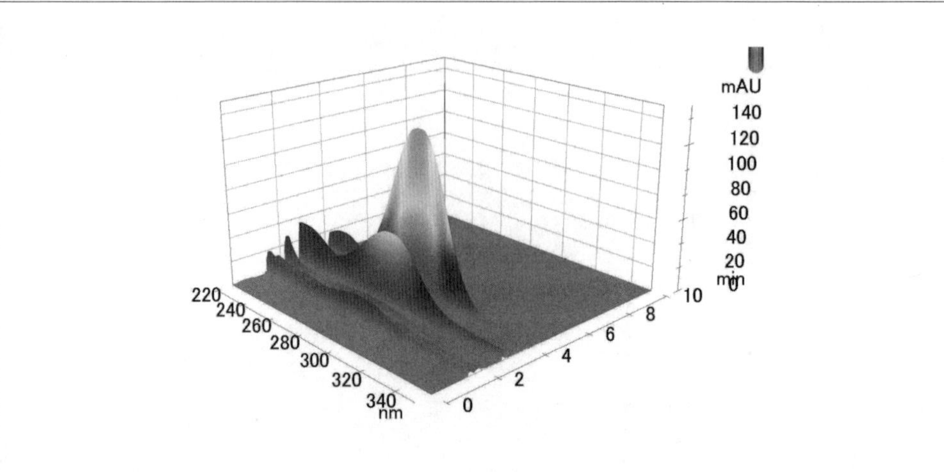

Figura 5.20 Análise em 3D do cromatograma.

Para novamente verificar o *drift*, a coluna de 30 cm, utilizada nas análises do início deste capítulo, foi instalada no segundo cromatógrafo e amostras foram injetadas, com fases móveis de H_2O:ACN = 80:20 (P = 149 – 155 kgf.cm^{-2}) e H_2O:ACN = 90:10 (P = 157 – 163 kgf.cm^{-2}). Os cromatogramas foram representados nas Figuras 5.21 e 5.22.

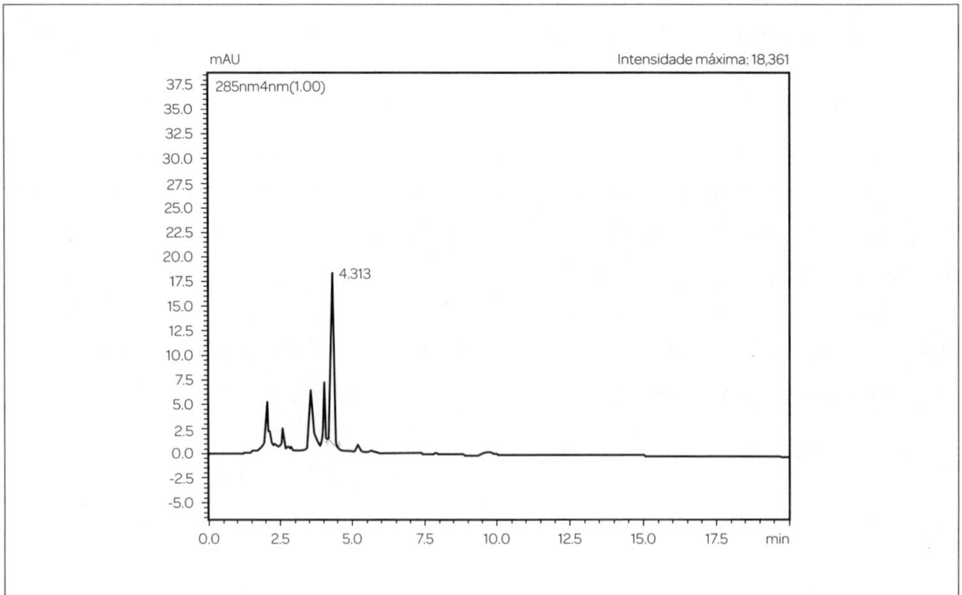

Figura 5.21 Amostra de mel (H_2O:ACN = 80:20, baixa resolução).

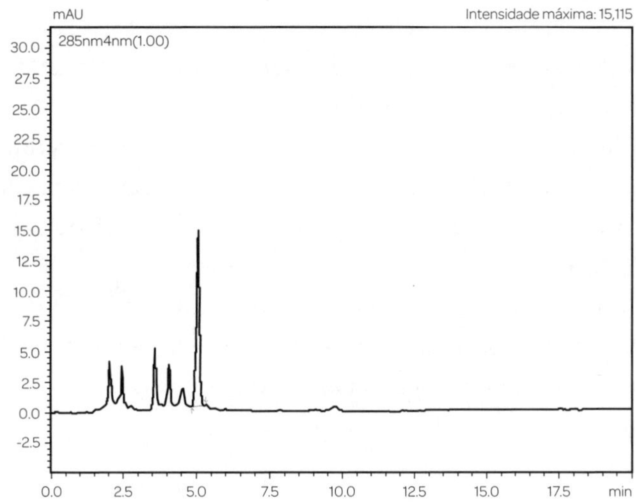

Figura 5.22 Amostra de mel (H_2O:ACN = 90:10, melhor resolução).

Observou-se, novamente, que o pequeno problema associado ao *drift* da linha base não ocorreu no HPLC do segundo fabricante, descartando um problema de coluna, uma vez que as mesmas colunas foram utilizadas nos dois cromatógrafos diferentes. Os solventes das fases móveis também foram os mesmos nos dois cromatógrafos. Portanto, esse problema está associado ao detector, que está demorando mais do que o usual para estabilizar as lâmpadas e não está conseguindo manter a intensidade constante. Pode-se realizar a troca das lâmpadas de tungstênio e de deutério e verificar se o problema persiste.

Como observação, é importante sempre verificar se as colunas novas apresentam problemas, além de efetuar o condicionamento de maneira correta antes do uso, já que, dependendo do fabricante, oscilações analíticas podem ocorrer. É possível solicitar a substituição de uma coluna nova por outra coluna, se for comprovado, em um curto período de uso, com padrões analíticos e especificações cromatográficas que acompanham o laudo que vem geralmente dentro da caixa, que os tempos de retenção não estão correspondendo aos valores determinados para os padrões. A empresa irá recolher a coluna e realizar alguns testes, e poderá efetuar a troca, se realmente necessária.

Além do 5-HMF, outras substâncias podem estar presentes em amostras de mel e causar danos à saúde. Como exemplo, existe o mel contaminado quando abelhas fazem a coleta em flores de azaléa (Rhodondendron), conhecido como *mad honey*.

Essas flores produzem uma substância denominada grayanotoxin, que pode causar alucinações.

Próximo ao ano de 1700, um relato sobre uma vila na região do Mar Negro descreveu que a população estava agindo de maneira totalmente alterada, devido ao consumo acidental do mel contaminado.

Como curiosidade, no ano de 2022, na Turquia, um urso consumiu quantidades significativas de mel e precisou ser resgatado, pois estava incapacitado de andar, sendo levado para uma clínica veterinária para repousar e ser tratado, até os efeitos do *mad honey* cessarem.

Esses exemplos indicam a importância de verificar a procedência do mel e realizar o controle de qualidade, assim como evitar floradas tóxicas próximas aos apiários que possam comprometer a qualidade.

CAPÍTULO 6
Cromatografia líquida de alta eficiência com detector de índice de refração (HPLC-RID)

A cromatografia líquida de alta eficiência pode ser acoplada a diversos detectores, descritos anteriormente. O detector espectrofotométrico (DAD) pode ser utilizado para uma grande diversidade de moléculas, porém, na ausência de grupos cromóforos que absorvem radiação na região do ultravioleta e visível, é necessário o uso de outro tipo de detector.

Um detector muito utilizado para esses casos é o detector por índice de refração, conhecido como RID. O funcionamento é devido às diferenças de refração quando os analitos atravessam o caminho óptico, gerando desvios positivos ou negativos na direção da luz, devido às moléculas levogiras ou dextrogiras e em função da concentração dos analitos.

Uma grande aplicação para o RID é para a determinação de açúcares, como glicose, frutose, sacarose, entre outros. Porém, em comparação ao DAD, os limites de detecção e quantificação são maiores; ou seja, é geralmente utilizado em faixas de concentração entre porcentagens e, em alguns casos, em partes por milhão, porque, em relação à linha base dos cromatogramas, as oscilações são maiores no RID do que no DAD. Para análises no DAD, as faixas são em ppm e, para alguns analitos, em ppb, dependendo da absorbância das moléculas.

Apesar dessa limitação, o RID é amplamente aplicado para moléculas que não podem ser analisadas pelo DAD, quando não possuem grupos cromóforos ou absorvem pouca radiação eletromagnética, além do custo de aquisição, que é bem menor do que o de um espectrômetro de massa, por exemplo, justificando seu uso.

Neste trabalho, utilizou-se um HPLC-RID, para a quantificação de açúcares em amostras de mel, hidromel, vinhos doces, demidoces, demissecos e secos, para verificar a autenticidade do mel e a concentração de açúcares em bebidas, a fim de verificar se estavam de acordo com a classificação por categoria. Também realizou-se a análise de glicerol residual em bebidas fermentadas.

ANÁLISE DE MEL, HIDROMEL, VINHO, GLICOSE, FRUTOSE E SACAROSE

Para as análises de mel, hidromel e vinho foram utilizadas as condições cromatográficas descritas na Tabela 6.1. As curvas de calibração foram efetuadas previamente para os seguintes analitos: frutose, glicose, sacarose e glicerol. As amostras foram previamente diluídas, centrifugadas e filtradas em membranas de 0,45 μm.

Foram utilizadas duas colunas cromatográficas do mesmo fabricante, porém de lotes diferentes, denominadas de coluna A e coluna B, para efeito comparativo, com identificação de possíveis problemas relacionados ao empacotamento e à qualidade da fase estacionária, identificados por alterações nos tempos de retenção e pressões nominais. Após muito tempo trabalhando com análises cromatográficas, é possível identificar as melhores marcas de colunas e de cromatógrafos disponíveis para aquisição.

Tabela 6.1 Condições cromatográficas

Componente	Condições/características
Coluna	NH_2 (25 cm × 4 mm × 5 μm)
Fase móvel	H_2O:ACN = 15:85 (isocrático)
Fluxo	1,5 mL.min^{-1}
Pressão	59 kgf.cm^{-2} (Coluna A) e 110 kgf.cm^{-2} (Coluna B)
Injetor	20 μL
Temperatura da coluna	30 °C

Os padrões de frutose foram injetados no HPLC e a curva de calibração foi determinada, sendo representados nas Figuras 6.1 e 6.2. No cromatograma, as flutuações da linha base descritas anteriormente, comparadas ao DAD, podem ser observadas. Também observou-se que o RID utilizado estava com alto tempo de uso e próximo ao período de manutenção preventiva, o que pode ter aumentado as flutuações da linha base. A qualidade da coluna também pode ter contribuído para as oscilações na linha base.

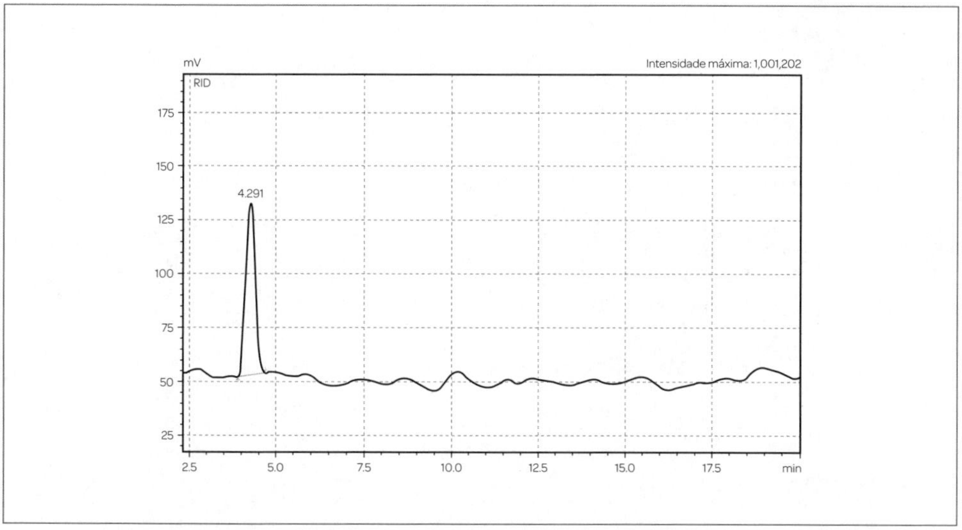

Figura 6.1 Cromatograma do padrão de frutose (coluna A).

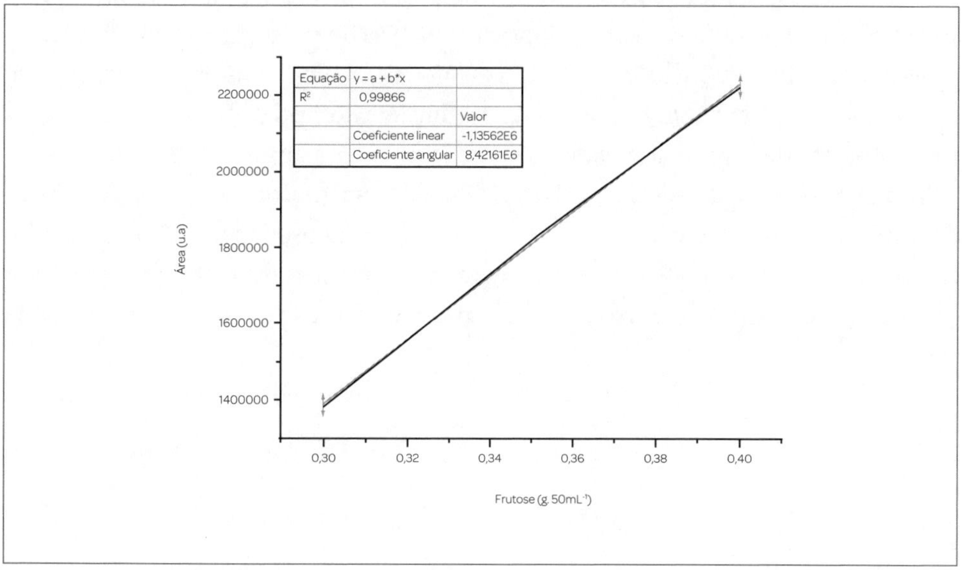

Figura 6.2 Curva de calibração para frutose.

Após todas as calibrações dos analitos, as amostras de mel foram injetadas no HPLC. A Figura 6.3 representa uma amostra de mel proveniente de florada de laranjeiras, com os picos dos analitos – frutose (4,290 min.) e glicose (5,116 min.) – identificados no cromatograma.

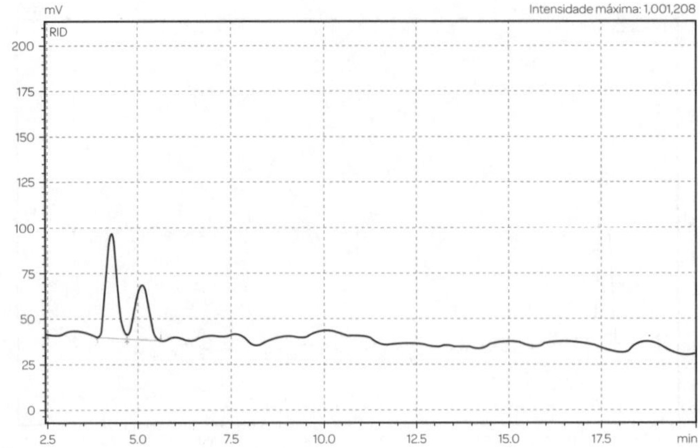

Figura 6.3 Mel proveniente de florada de laranjeiras (coluna A).

Por meio das curvas de calibrações, determinou-se quantitativamente que a amostra de mel possuía em sua composição: 39,29% de frutose e 30,62% de glicose. Diversas amostras de mel foram analisadas neste trabalho, com valores de frutose e glicose variando em função da área de produção e do tipo de florada, porém com concentrações de acordo com valores de referência para amostras de mel.

Em uma série de diversas amostras regionais, determinou-se os valores médios de concentração de frutose igual a 39,44 ± 0,72% e glicose igual a 30,87 ± 0,24 %. O cromatograma na Figura 6.4 representa uma amostra de mel (cromatograma com dois picos: frutose e glicose) e três padrões de frutose em ordem crescente de concentrações.

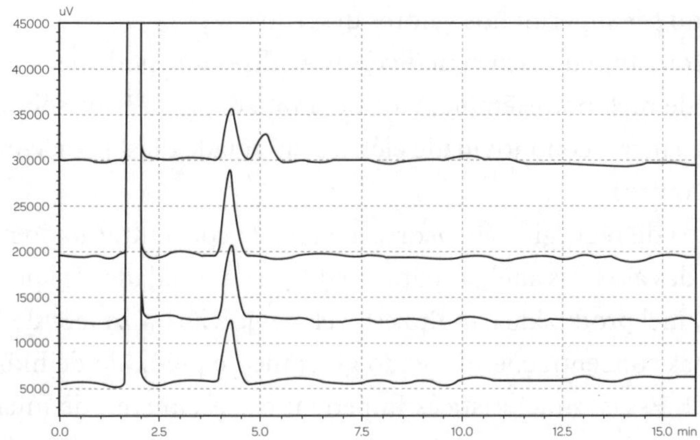

Figura 6.4 Amostra de mel e padrões de frutose em ordem crescente de concentrações (coluna A).

Infelizmente, uma prática comum de adulteração de mel para reduzir o custo produtivo pode ser efetuada com adição de melaço residual de cana-de-açúcar, sacarose ou xaropes de arroz ou de milho. Por meio dessa análise é possível comprovar esse tipo de fraude, se houver a presença de sacarose em quantidade significativa nas amostras. A presença de adulterante, utilizando-se esse método, é confirmada com a ocorrência de um pico com área considerável em 9,687 minutos no cromatograma.

As abelhas coletam o néctar das flores, que é misturado a enzimas digestivas em seus estômagos especiais para mel, ocorrendo a quebra de ligações químicas de açúcares com maior cadeia carbônica (por exemplo, sacarose e outros dissacarídeos) em açúcares com cadeias menores, como frutose e glicose. Então, as abelhas vão até a colmeia e regurgitam diversas vezes o material coletado, produzindo mais enzimas digestivas e finalizando a conversão dos açúcares maiores em frutose e glicose.

Portanto, a presença de sacarose é um indicativo de fraude, porque os teores dessa molécula em amostras de mel são residuais ou inexistentes. Neste trabalho, os valores foram entre concentrações não detectadas pela técnica analítica até o máximo de 0,1%. Dependendo do tipo de abelha e floradas próximas, existem normativas vigentes em diferentes países, cuja tolerância pode ser maior ou menor em relação ao teor máximo de sacarose.

Geralmente, para uma amostra de mel puro, a recomendação máxima é até 2% de sacarose, porém o limite máximo depende da normativa do país, que pode ser de 5% ou 6%, sendo valores que podem ser considerados muito altos para um mel puro de qualidade. Para algumas floradas específicas, existem exceções para esse limite, podendo ser superior aos valores descritos.

Além da cromatografia, existem diversas análises que podem ser efetuadas para a certificação de mel, por exemplo, teor de umidade, grau Brix, sólidos insolúveis, acidez, teor de cinzas, condutividade elétrica, atividade diastásica, concentração de 5-HMF, entre outros.

Após a etapa de regurgitação, ocorre a etapa de concentração do mel, por meio do batimento das asas das abelhas para a redução da umidade até aproximadamente 17 a 18%. O mel produzido é muito estável, devido ao baixo teor de água, presença em pequenas concentrações de ácido glucônico e peróxido de hidrogênio, com pH entre 3 e 4. Essas características impedem o crescimento de microrganismos, como bactérias e fungos. As análises de ácidos orgânicos, como cítrico, málico, tartárico, glucônico e succínico, também podem ser efetuadas por HPLC, para avaliação composicional do mel.

Para as amostras de hidromel produzidas e analisadas neste trabalho, uma tabela de classificação foi utilizada, para a definição entre amostras doces, demidoces, demissecas e secas. A Figura 6.5 representa um cromatograma de uma amostra demidoce, com os açúcares residuais frutose e glicose. Na análise, foi possível quantificar o glicerol residual, produzido pelas leveduras durante a fermentação, com o pico cromatográfico em 2,551 minutos e com concentração de 5,89 g.L^{-1}.

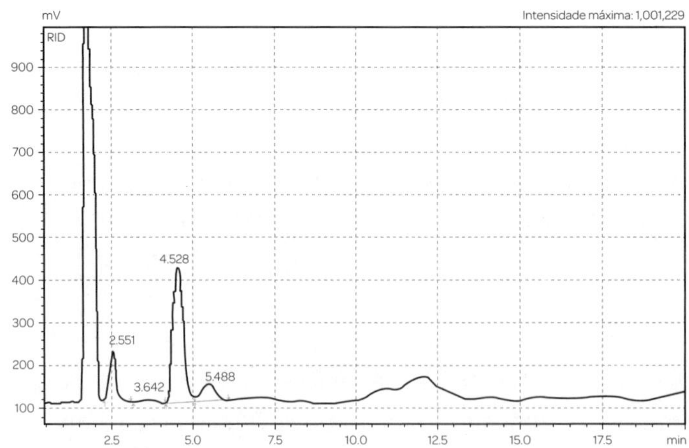

Figura 6.5 Cromatograma do hidromel demidoce (coluna A).

Por meio das análises no HPLC e quantificações de três amostras diferentes de hidromel, compilaram-se os resultados na Tabela 6.2, de acordo com a classificação em relação ao teor de açúcares residuais em bebidas fermentadas.

Tabela 6.2 Classificação em relação ao teor de açúcares residuais

Amostra	Frutose (g.L^{-1})	Glicose (g.L^{-1})	Classificação
Hidromel 1	21,22	6,22	Demidoce
Hidromel 2	9,94	0,30	Demisseco
Hidromel 3	0,89	n.d.	Seco

Além das análises de mel e hidromel, esse método pode ser aplicado para amostras diversas, como para a determinação da pureza de açúcares (sacarose, glicose, frutose, açúcar cristal, refinado, VHP tipo exportação, entre outros), classificação de vinhos doces a secos e quantificação de glicerol residual em bebidas fermentadas.

Para a comparação entre as diferentes colunas cromatográficas, um padrão de glicose foi inicialmente injetado no HPLC com a coluna B e depois injetou-se um padrão contendo glicose e sacarose. Os cromatogramas foram representados nas Figuras 6.6 e 6.7.

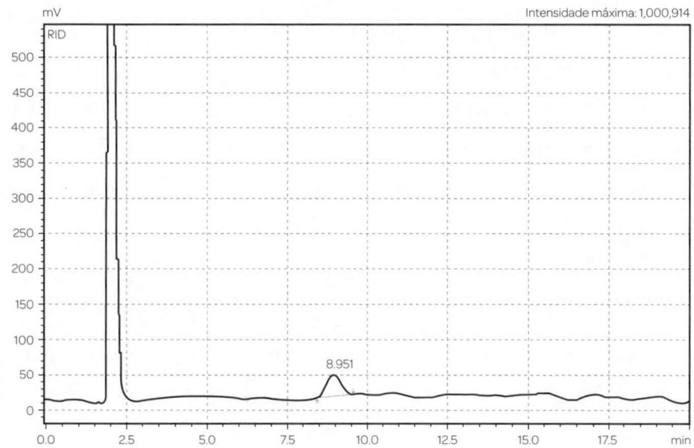

Figura 6.6 Padrão diluído de glicose (coluna B).

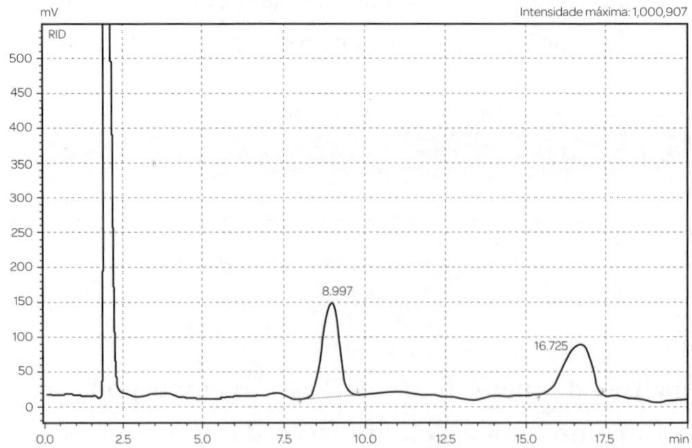

Figura 6.7 Padrão de glicose e sacarose (coluna B).

Observou-se que a coluna B apresentou maior pressão operacional do que a coluna A, com aumento significativo nos tempos de retenção dos analitos. Esse fato indica um empacotamento mais denso de fase estacionária, resultando em maior pressão, com possível superior massa de fase no interior da coluna, promovendo a maior retenção dos analitos durante a análise. Ocorreu também o alargamento dos picos cromatográficos, muito pronunciado para a sacarose (TR = 16,725 min.).

Em alguns casos raros, para colunas novas, a alta pressão também pode ser indicativo de falta de uniformidade no tamanho das partículas, de aglomeração de fase estacionária durante processamento. Isso promove alguns aumentos pontuais no tamanho das partículas e formação de agregados, em meio às micropartículas da fase. Gera-se, assim, aumento de pressão, semelhante a um início de entupimento causado por partículas externas ou por impurezas com altas massas moleculares.

Também é necessário verificar se o fabricante realizou o controle de qualidade da forma correta antes da venda coluna. Geralmente, as empresas enviam um laudo técnico dentro da caixa, para comprovação da qualidade, especificando as condições cromatográficas, os padrões utilizados, o cromatograma e os tempos de retenção dos padrões.

Um analista experiente é capaz de identificar as diferenças analíticas entre fabricantes. Porém, em alguns casos, mediante a ocorrência de maiores diferenças – causadas por algum problema durante o processo produtivo da fase ou no empacotamento das colunas –, a substituição de colunas recém-compradas pode ser solicitada.

No caso dessas colunas em estudo, ocorreu uma alta diferença nos tempos de retenção, mesmo sendo do mesmo fabricante. Para exemplificar a diferença entre as colunas A e B, além das análises anteriores, uma amostra de hidromel foi injetada, com o cromatograma representado na Figura 6.8.

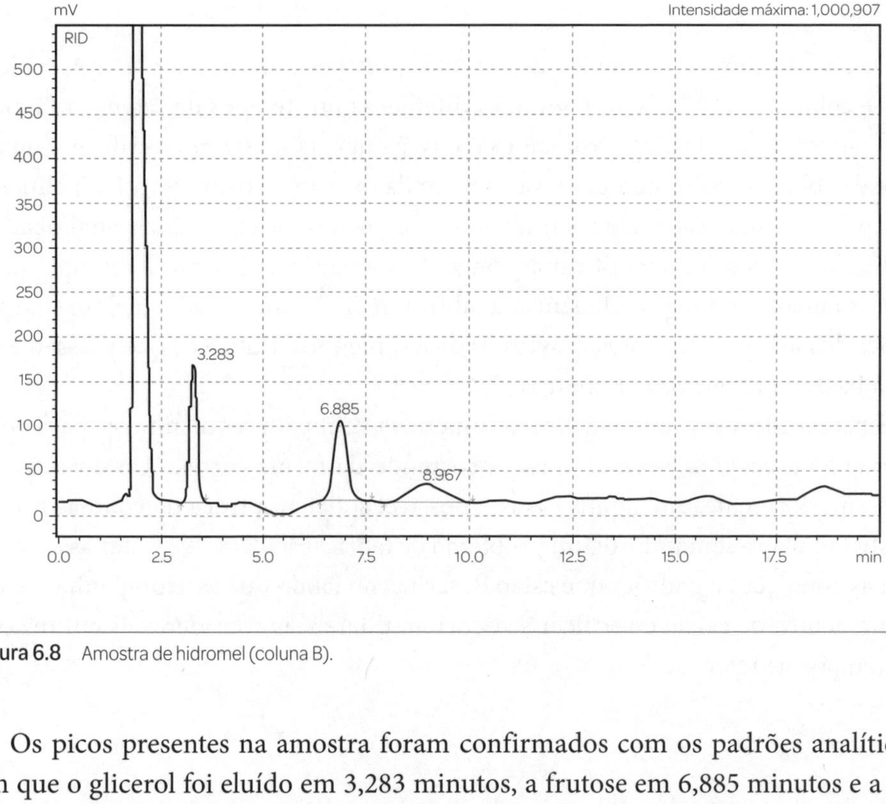

Figura 6.8 Amostra de hidromel (coluna B).

Os picos presentes na amostra foram confirmados com os padrões analíticos, em que o glicerol foi eluído em 3,283 minutos, a frutose em 6,885 minutos e a glicose em 8,967 minutos. Novamente, observou-se o alargamento dos picos, dessa vez mais pronunciado para a glicose (TR = 8,967 min.). Comparando-se os tempos de retenção entre as colunas, foi possível visualizar as diferenças identificadas durante a calibração, descritas na Tabela 6.3.

Tabela 6.3 Tempos de retenção (diferentes colunas cromatográficas)

Analito	Coluna A (min.)	Coluna B (min.)
Glicerol	2,551	3,283
Frutose	4,528	6,885
Glicose	5,488	8,967
Sacarose	9,687	16,725

De acordo com os resultados de distintas pressões nominais (coluna A: 59 kgf. cm^{-2} e coluna B: 110 kgf.cm^{-2}), grandes diferenças nos tempos de retenção (Tabela 6.3) e alargamento de picos cromatográficos, é importante sempre verificar a qualidade de colunas recém-compradas por meio da injeção de padrões, principalmente se não forem colunas de marcas tradicionais, com anos de experiência analítica.

Também é possível identificar ao longo da utilização de colunas diferentes quais marcas apresentam maior eficiência analítica, maior durabilidade, melhores separações dos analitos, menores desvios-padrões, menores flutuações de pressão e de linha base, entre outros parâmetros.

É necessário sempre testar uma coluna nova com padrões analíticos, para verificar se o processo de separação está ocorrendo da forma correta. Conforme descrito anteriormente, em alguns casos é possível solicitar a troca de colunas novas, se estiverem apresentando algum problema de fabricação. Deve-se testar as colunas com as condições e padrões que estão descritas no laudo que as acompanha, geralmente dentro da caixa, e verificar se ocorrem diferenças consideráveis em relação aos tempos de retenção.

CAPÍTULO 7
Cromatografia de íons (IC)

Em termos práticos e de configuração de equipamentos, a cromatografia de íons (IC) é bem semelhante à cromatografia líquida de alta eficiência (HPLC). O equipamento é composto também por uma bomba para a eluição da fase móvel por meio da coluna cromatográfica, para que ocorra a separação dos íons de interesse, com posterior quantificação no detector.

O princípio da técnica para a separação dos analitos ocorre por meio da troca iônica, em que existem colunas aniônicas e catiônicas, então, para a separação de ânions ou de cátions, é necessária a instalação da coluna correta no equipamento. O detector mais utilizado é por diferença de condutividade.

A primeira patente norte-americana para um sistema de cromatografia de íons é de 1975; posteriormente, os cromatógrafos foram modificados e aprimorados. O advento da supressão química e da supressão de CO_2 foi desenvolvido com o objetivo de aumentar a sensibilidade dos equipamentos, com abaixamento da linha base, possibilitando melhorias nos limites de detecção e quantificação.

Por meio da cromatografia de íons, por exemplo, os seguintes cátions podem ser determinados: sódio, amônio, potássio, magnésio, cálcio e lítio. Em relação aos ânions, os seguintes podem ser quantificados: fluoreto, cloreto, brometo, nitrato, sulfato e fosfato. Essas análises são de rotina, para a determinação da qualidade de águas minerais, potáveis e de abastecimento público, assim como para efluentes industriais e monitoramentos ambientais.

Neste trabalho, diversas amostras de água potável, mineral, de abastecimento público, de rios, lagos, poços rasos e profundos foram analisadas, em relação à concentração de ânions e de glifosato.

ANÁLISE DE ÁGUA MINERAL: ÂNIONS

Para a análise de ânions em amostras de águas minerais, utilizou-se a cromatografia de íons (IC), com as seguintes condições operacionais, descritas na Tabela 7.1.

Tabela 7.1 Condições cromatográficas

Componente	Condições/características
Fase Móvel: 1 L	3,2 mmol.L^{-1} Na_2CO_3 (0,3398 g, pureza 99,8%) + 1,0 mmol.L^{-1} $NaHCO_3$ (0,0843 g, pureza 99,7%)
Coluna	Metrosep A supp 5 150/4
Fluxo	0,7 mL.min.$^{-1}$
Injeção	20 µL
Regenerante	H_2SO_4 (5,4 mL em 1 L), giro em 10 min.
Supressão	MCS, MSM
Pressão	8,6-10,1 MPa

Após as curvas de calibrações para os ânions fluoreto, cloreto, brometo, fosfato e sulfato, as amostras de água foram analisadas. Um exemplo de cromatograma de um padrão de calibração, com os respectivos tempos de retenção dos analitos, foi representado na Figura 7.1.

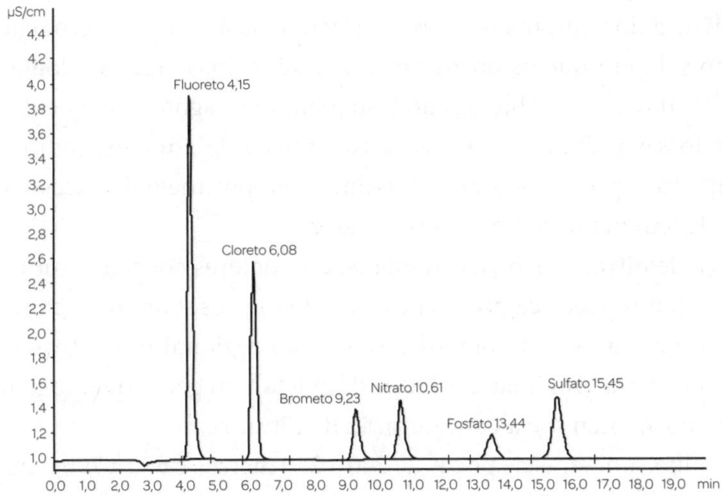

Figura 7.1 Cromatograma de um padrão analítico (1 mg.L^{-1}).

Em relação aos picos do cromatograma, observou-se que diferentes analitos apresentaram maiores ou menores respostas no detector, de acordo com a alteração proporcionada na condutividade. Esse padrão foi preparado na concentração de 1 mg.L^{-1} para todos os ânions e as seguintes áreas foram obtidas: fluoreto (0,464 u.a.), cloreto (0,259 u.a.), brometo (0,099 u.a.), nitrato (0,132 u.a.), fosfato (0,068 u.a.) e sulfato (0,181 u.a.). Após a calibração de todos os analitos, amostras de água mineral foram analisadas, com os resultados representados na Tabela 7.2.

Tabela 7.2 Ânions presentes em amostras de água mineral

Amostra	F^- (mg.L^{-1})	Cl^- (mg.L^{-1})	Br^- (mg.L^{-1})	NO_3^- (mg.L^{-1})	PO_4^{3-} (mg.L^{-1})	SO_4^{2-} (mg.L^{-1})
1	0,02	0,16	n.d.	0,29	0,11	0,74
2	0,03	0,65	n.d.	2,69	0,04	0,85
3	0,02	0,94	n.d.	3,67	0,91	1,01
4	0,41	3,66	0,06	16,79	0,06	2,40
5	0,15	1,04	0,04	0,38	0,12	6,60

Os nitratos presentes em água potável podem ser um possível indicativo de que a qualidade da água está comprometida, indicando possíveis atividades humanas relacionadas com a contaminação de lençóis freáticos e regiões de abastecimento, assim como rios, lagos e poços.

A procedência dos nitratos pode estar relacionada à formação geológica e composicional do solo em que os poços são perfurados, mas algumas contaminações podem ocorrer devido a problemas no tratamento de esgoto (vazamento de canos e manilhas), fossas próximas a poços rasos, criação de animais, como suínos ou bovinos confinados próximos a minas, assim como por meio do excesso de fertilizantes (N, P, K) em plantações em grandes áreas.

A presença de nitratos ocorre geralmente em maiores concentrações em minas e poços rasos, como poços caipiras, entre 10 e 20 metros. Porém, as concentrações podem variar em função da composição do solo regional e de atividades como agricultura e pecuária próximas aos locais de coleta. Em geral, quanto maior a profundidade do poço, menor é a concentração de nitratos.

Neste trabalho, amostras de poços de 200 a 250 metros e 650 a 700 metros foram analisadas e foi determinada uma menor concentração de nitratos nos poços mais profundos. Algumas amostras foram do aquífero Guarani, cuja concentração de nitratos foi próxima de zero $mg.L^{-1}$.

Os nitratos podem causar danos ao organismo, comprometendo o transporte de oxigênio, gerando a "síndrome do bebê azul" e causando problemas em adultos, afetando a hemoglobina. Existem pesquisas em que nitratos e nitritos, devido à conversão em nitrosaminas, foram considerados possivelmente carcinogênicos, no estômago e no intestino.

No Brasil, o limite para nitratos em água potável é de 10 $mg.L^{-1}$ (na forma de N) ou 44,2857 $mg.L^{-1}$ (na forma de NO_3^-). Porém, como recomendação, as melhores águas potáveis são as que apresentam concentrações tendendo a 0 $mg.L^{-1}$.

Além da cromatografia de íons (IC), os nitratos também podem ser analisados por espectroscopia por absorção molecular na região do ultravioleta e visível (UV--Vis). Para os íons determinados nas amostras de água potável, de acordo com o Ministério da Saúde, os valores máximos permitidos foram descritos na Tabela 7.3.

Tabela 7.3 Limites máximos permitidos em água potável

F^- ($mg.L^{-1}$)	Cl^- ($mg.L^{-1}$)	NO_3^- na forma de N ($mg.L^{-1}$)	SO_4^{2-} ($mg.L^{-1}$)
1,5	250,0	10,0	250,0

Para os íons brometo e fosfato, ainda não há um limite vigente. Para demais parâmetros de qualidade e limites de concentrações, normativas do Ministério da Saúde podem ser consultadas.

Para efeito comparativo em relação aos resultados das águas minerais, uma amostra de água de bebedouro via abastecimento público e uma amostra de água do lago da cidade foram analisadas, com os cromatogramas representados nas Figuras 7.2 e 7.3.

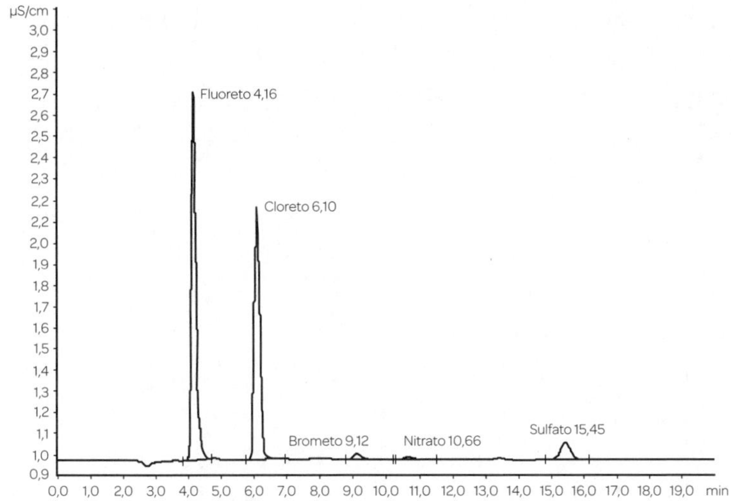

Figura 7.2 Água de bebedouro via abastecimento público.

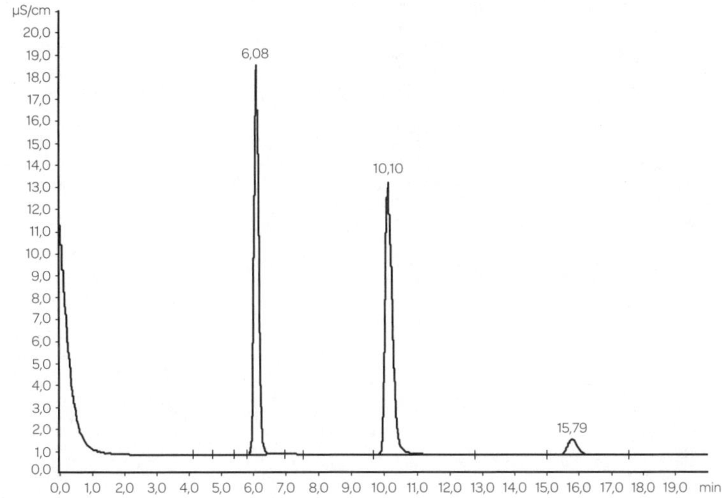

Figura 7.3 Água do lago da cidade.

Observou-se que a amostra de água do lago da cidade apresentou altas concentrações de cloretos e nitratos, porém abaixo dos limites padrões de classificação do Conselho Nacional do Meio Ambiente (Conama).

Com o tempo de uso, as colunas cromatográficas tendem a perder a eficiência de separação dos analitos, com diminuição na resolução e nos tempos de retenção dos picos. Como exemplo, após várias análises, a coluna utilizada neste trabalho começou a apresentar alguns sinais. Os cromatogramas representados nas Figuras 7.4 e 7.5 demonstram a diminuição nos tempos de retenção dos ânions cloreto, fosfato e sulfato.

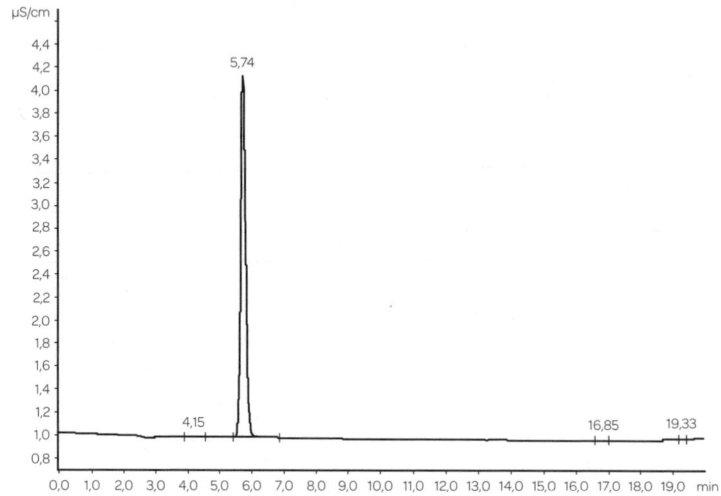

Figura 7.4 Padrão de cloreto (2 $mg.L^{-1}$).

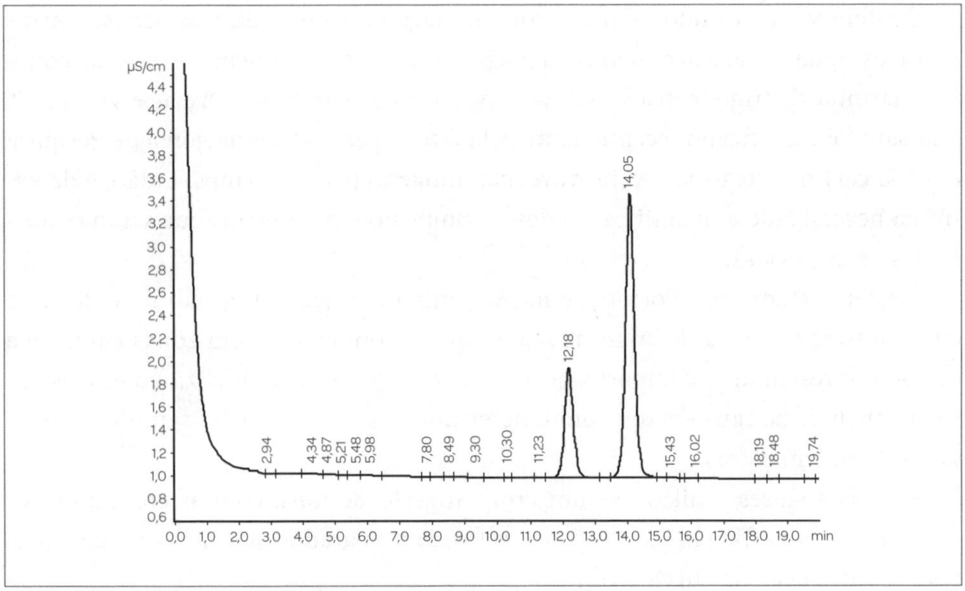

Figura 7.5 Padrão de fosfato e sulfato (4 mg.L^{-1}).

Como exemplo, as diminuições nos tempos de retenção foram as seguintes: cloreto (6,08 min. para 5,74 min.), fosfato (13,44 min. para 12,18 min.) e sulfato (15,45 min. para 14,05 min.). Pequenas variações nos tempos de retenção são aceitáveis, inclusive em função das concentrações dos analitos; geralmente, maiores concentrações apresentam tempos levemente menores de retenção. Deve-se sempre avaliar a eficiência de separação das colunas, para garantir os resultados analíticos, considerando-se a degradação da fase estacionária ao longo do uso.

Nesses exemplos, análises com a coluna relativamente nova foram efetuadas nos cromatogramas iniciais e os cromatogramas finais deste capítulo foram após muito uso da coluna. Como observação, a alteração dos tempos de retenção não prejudicou a quantificação dos ânions, uma vez que os valores das áreas dos padrões não foram alterados em relação aos valores anteriores e às curvas de calibração. Da mesma forma, os demais parâmetros de validação apresentaram valores aceitáveis para as análises.

ANÁLISE DE ÁGUA MINERAL: GLIFOSATO

O glifosato é o herbicida mais utilizado em escala mundial atualmente. É eficaz para a eliminação de pragas, ervas daninhas e mato, além do uso para a limpeza de áreas e, por exemplo, para o plantio de soja e milho geneticamente modificados e resistentes ao glifosato.

Existem vários estudos sobre a contaminação de águas de rios, lagos, lençóis freáticos, águas de abastecimento e água potável, além de alimentos em geral, como mel, farinha de trigo, cereais matinais, biscoitos e bolachas, cervejas e vinhos. O glifosato foi classificado recentemente pela Iarc (Agência Internacional de Pesquisa em Câncer) na categoria 2A: provável carcinógeno para humanos. Então, é de extrema necessidade a quantificação desse composto em amostras que serão consumidas pelas pessoas.

Existem estudos em Portugal e na Argentina em que o glifosato foi detectado em amostras de urina de crianças que estavam domiciliadas em zonas rurais, e a maioria apresentou o composto no organismo. No Brasil, infelizmente, existem várias análises de água em que foram determinadas concentrações significativas de glifosato nas amostras.

Para as análises, utilizou-se um cromatógrafo de íons, com as configurações demonstradas na Tabela 7.4. Os padrões foram preparados, por meio de diluições, para a construção da curva analítica.

Tabela 7.4 Condições cromatográficas

Componente	Condições/características
Fase móvel: 1 L	9,6 mmol.L^{-1} Na_2CO_3 (1,0195 g, pureza 99,8%) + 3,0 mmol.L^{-1} $NaHCO_3$ (0,2528 g, pureza 99,7%)
Coluna	Metrosep A supp 5 150/4
Fluxo	0,7 mL.min.$^{-1}$
Injeção	20 µL
Regenerante	H_2SO_4 (5,4 mL em 1 L), giro em 10 min.
Supressão	MCS, MSM
Pressão	9,7-10,8 Mpa

A curva de calibração (Figura 7.6) foi obtida e a equação da reta, aplicada para a determinação das concentrações desconhecidas das amostras de água selecionadas nesse estudo, com R^2 = 0,9983, coeficiente linear de 0,0013 e angular de 2,25.10^{-5}. As repetibilidades para os padrões apresentaram desvio-padrão relativo médio de ± 0,445%.

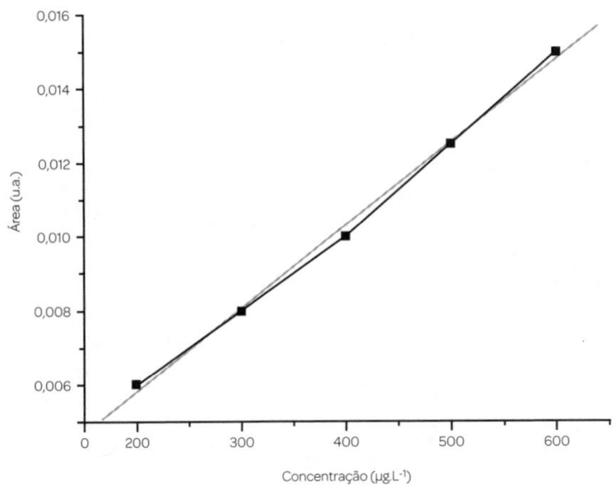

Figura 7.6 Curva de calibração para o glifosato.

Como a análise de pesticidas em água geralmente é feita em concentrações muito baixas (por exemplo, partes por bilhão), uma nova curva de calibração foi efetuada para verificar e confirmar a linearidade do método proposto, com seis padrões analíticos entre 400 e 900 $\mu g.L^{-1}$. A curva apresentou $R^2 = 0,9996$ e desvio-padrão relativo médio de ± 0,439%.

De acordo com o Ministério da Saúde, o limite para glifosato em água potável é de 500 $\mu g.L^{-1}$. Os cromatogramas nas Figuras 7.7 e 7.8 representam, respectivamente, um padrão de glifosato e uma amostra de água mineral contendo o analito. A pequena diferença nos tempos de retenção é devida à maior concentração de glifosato no padrão, com alargamento do pico e tempo de retenção calculado no ponto médio (ápice do pico), em relação à amostra com baixa concentração e menor pico, muito mais estreito do que o do padrão. A Tabela 7.5 demonstra os resultados obtidos de diversas amostras analisadas.

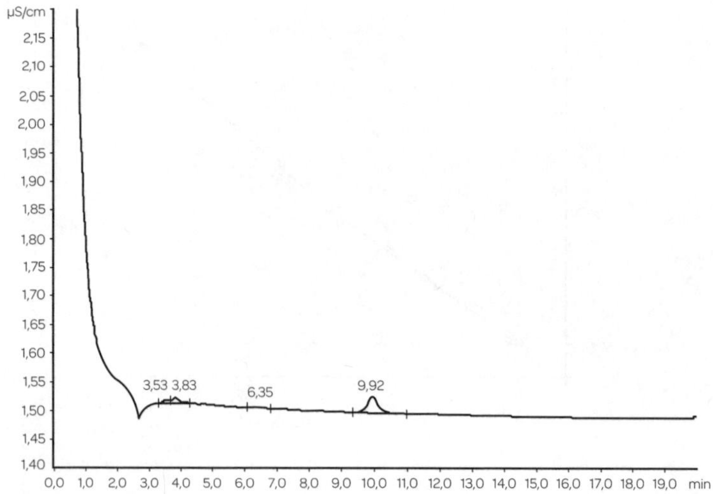

Figura 7.7 Padrão de glifosato (400 µg.L^{-1}).

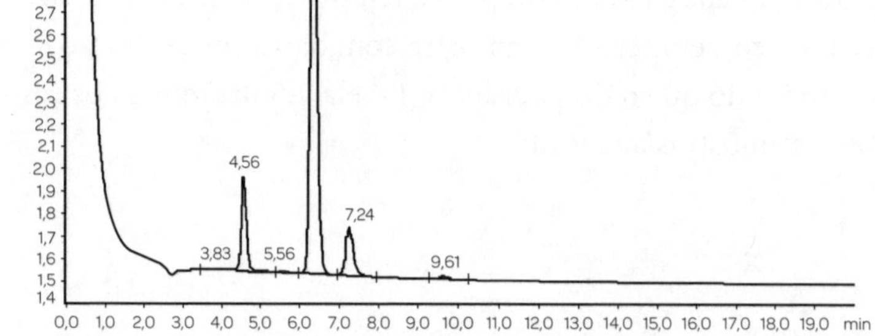

Figura 7.8 Amostra de água mineral.

Tabela 7.5 Amostras de água analisadas

Amostra	Cidade	Concentração (μg.L^{-1})
Água mineral 1	1	43,91
Água mineral 2	2	23,63
Água mineral 3	3	n.d.
Água mineral 4	4	n.d.
Água mineral 5	5	n.d.
Água mineral 6	6	n.d.
Abastecimento público	7	n.d.

Observou-se que, das amostras analisadas, duas apresentaram glifosato em suas composições, porém em concentrações muito baixas, com valores muito abaixo do limite de 500 μg.L^{-1}, estando aptas para o consumo humano. Porém, o ideal é que não haja glifosato nas águas potáveis, prezando pelo bem-estar da população.

Para reflexão, um estudo realizado em várias cidades de Portugal identificou a incidência desse herbicida na urina de crianças que vivem na região rural. Na Argentina, houve várias amostras de água potável contaminadas com esse pesticida e no Brasil, além de amostras de água, alimentos como farinha de trigo, biscoitos, "bisnaguinhas", pães e água potável também apresentaram essa substância em suas composições.

Sabe-se que os pesticidas são necessários para a produção de alimentos agrícolas, a fim de suprir a demanda mundial, garantindo a maior produção de acordo com a demanda sempre crescente. É necessário aumentar as áreas de plantio e aumentar o volume de produção, para que haja alimentos para os quase oito bilhões de habitantes no planeta.

Utilizando-se os pesticidas, de acordo com as informações do fabricante, sem excessos, sem aumentar a dosagem recomendada, evitando a pulverização em áreas de captação de água ou rios e lagos, respeitando-se as carências de cada produto, é possível evitar a contaminação e produzir com responsabilidade.

CAPÍTULO 8
Problemas e possíveis soluções cromatográficas

Os cromatógrafos, com o aumento do tempo de uso e o grande número de análises realizadas, podem apresentar alguns problemas operacionais. Além dos consumíveis que devem ser trocados periodicamente e das manutenções periódicas agendadas para prevenir os problemas, algumas situações podem ocorrer e impedir o operador de realizar as análises. Nas Tabelas 8.1 a 8.3 estão descritos alguns problemas que podem ocorrer durante o uso dos cromatógrafos e possíveis soluções operacionais.

Tabela 8.1 Cromatografia a gás

Problema	Solução
Pressão no injetor variando ou menor do que o valor programado.	1 - Apertar um pouco a rosca do injetor (cuidado: estará quente se o GC estiver ligado e programado para aquecer) ou trocar o septo. Vale lembrar que, geralmente, um septo suporta até 100 injeções e deverá ser substituído. 2 - Verificar se o cilindro de gás da fase móvel está com a pressão correta na linha e se o gás não está acabando. 3 - Nunca operar o GC sem gás de arraste, porque isso resultará em degradação térmica irreversível da fase estacionária da coluna.
Picos "fantasmas"	1 - Realizar a limpeza ou a troca do *liner* ou substituir lã de vidro. Vale lembrar que o *liner* deverá ser limpo ou substituído após, aproximadamente, 500 injeções. 2 - Aumentar o tempo de análise na temperatura da última isoterma ou aumentar temperatura desta. Algumas amostras podem conter compostos com maiores massas moleculares e maiores temperaturas de ebulição, que necessitam de mais tempo ou maior temperatura para terminar de eluir durante a análise. Se ficarem retidos, poderão eluir na amostra subsequente e produzir um pico "fantasma", ou seja, que não pertence àquela amostra. Pode-se também mudar a ordem das amostras no porta-amostra e verificar se o pico "fantasma" está aparecendo em outra amostra. 3 - Verificar se os procedimentos de limpeza da microsseringa estão programados corretamente no injetor automático: limpeza mínima de seis vezes com o solvente entre as amostras distintas e ambientação da microsseringa com cada amostra pelo menos três vezes antes da injeção. Se a limpeza com o solvente estiver sendo realizada apenas uma vez antes e uma vez após a injeção, pode ocorrer a contaminação cruzada, devido aos resíduos de amostras que sobram na microsseringa. Verificar o nível do solvente de limpeza.
Os picos não estão separando	1 - Verificar se o fluxo, as rampas e as temperaturas no método estão corretos. Às vezes pode ocorrer de algum usuário visualizar o seu método e alterar sem intenção as condições cromatográficas. 2 - Verificar no display do GC se está respondendo aos comandos do método. 3 - Verificar se não está ocorrendo vazamento de gás (cuidado: se estiver usando H_2 como fase móvel, verificar bem as conexões para evitar uma explosão). Realizar o *leak test*. 4 - Se for um método que está utilizando há algum tempo e está familiarizado com os resultados, deve-se fazer a análise dos padrões e verificar a separação. Se a coluna foi utilizada muitas vezes e está ficando velha, deve-se substituir por uma nova, porque pode ser que a vida útil da coluna já tenha chegado ao fim. Tempo de uso e métodos com altas temperaturas próximas do limite da coluna, amostras muito concentradas ou com preparo de amostra incorreto, altos fluxos ou rampas drásticas podem acarretar a degradação precoce da fase estacionária.

Tabela 8.1 Cromatografia a gás

Problema	Solução
Sem sinal no FID	1 - Verificar se a chama está acesa. Geralmente o sinal para FID é próximo de 5,5 pA e para micro-FID, 3,0 pA. Se estiver próximo de zero ou, em alguns casos, abaixo de 1,0 pA, pode ser um indicativo de chama apagada. Alguns modelos identificam se a chama está acesa ou apagada, porém, em alguns casos, é melhor verificar. Pode-se utilizar uma superfície metálica, por exemplo, uma espátula, e aproximar da saída de gases do FID. Se a chama estiver acesa, o vapor de água irá condensar na superfície, indicando que a reação de combustão está ocorrendo. 2 - Verificar se a coluna está bem conectada e com a altura correta. O posicionamento da coluna precisa ser regulado com alta exatidão. Se estiver "acima" do valor determinado pelo fabricante, a ponta da coluna estará no meio da chama de hidrogênio, gerando uma linha base extremamente alta e, dependendo do erro de posicionamento, sem picos. Poderá ocorrer decomposição térmica da fase estacionária na ponta da coluna (cheiro de queimado). Se estiver "abaixo", o gás de arraste e os analitos não chegarão corretamente à ponta do *jet*, gerando sinais baixos ou ausência de picos de analitos em baixa concentração. 3 - Verificar se a fase móvel está percorrendo toda a coluna, se há algum impedimento, se o posicionamento da coluna no injetor está correto ou se houve aperto excessivo da rosca (*nut*) no injetor e ocorreu estrangulamento da coluna. Dica: pode-se desconectar a coluna do FID e mergulhar a ponta dela em um solvente. Colocar o fluxo em 1 mL/min. e verificar a presença de bolhas saindo da ponta da coluna. 4 - Verificar as conexões e os ferrolhos/anilhas nas roscas (*nuts*). Realizar a substituição. 5 - Verificar se a microsseringa não está entupida e se o injetor automático não está no modo de simulação ou *fake injection*. 6 - Posicionamento da coluna: é extremamente importante posicionar a altura no injetor e no detector de modo correto. Alguns fabricantes enviam um gabarito ou uma régua específica para essa finalidade, para "gabaritar" a coluna.
Ruídos aleatórios e grosseiros no FID (altos, sem formatos de pico, semelhante a uma linha)	Verificar se houve um aperto excessivo na anilha/ferrolho de grafite na troca de coluna e está fragmentado e esfarelando. Substituir por um novo.
A chama não acende	1 - Verificar se o GC está tentando acender a chama: o sinal deverá aumentar muito e depois abaixar. Geralmente, o GC irá tentar acender a chama três vezes; então, irão aparecer alguns picos estranhos e altos no monitoramento da linha base ou no display em pA do GC. Pode-se escutar um barulho de uma pequena explosão. 2 - Se não houver picos de tentativa de acendimento ou variação no display em pA, pode ser problema na bobina/resistência de ignição. Substituir por uma nova. 3 - Verificar se a pressão mínima necessária dos gases nas linhas está correta e se os cilindros estão cheios. 4 - Verificar se a temperatura no FID está correta antes de acender a chama. Geralmente é de 250 °C. Aguardar o FID atingir essa temperatura para depois enviar o comando de acender a chama. 5 - Pode-se diminuir o fluxo do gás de arraste para 0,5 mL/min. e aumentar a temperatura do forno para próximo do máximo permitido para a coluna em operação, a fim de facilitar o acendimento da chama. 6 - Verificar a pureza dos gases. Verificar os filtros de gases. 7 - Exemplo de condições para acender a chama: T = 250 °C / H_2: 40 mL/min. / Ar sintético: 200 mL/min. *Make-up*: off Depois de acesa: condições normais: 35 mL/min. H_2 / 350 mL/min. Ar sint./ 30 mL/min. N_2. 8 - Realizar a limpeza do FID: resíduos carbonáceos, ionização incompleta, amostras com preparos ou concentrações incorretas, material com alta massa molecular, alta temperatura de ebulição, amostras que não deveriam ter sido injetadas no GC. 9 - Cuidado: se a chama se apagar e o detector não identificar que se apagou, hidrogênio poderá ser lançado na atmosfera dentro do laboratório, com possível risco de incêndio e explosão. Não é recomendável deixar um GC-FID rodando análises *overnight* ou sem a presença de um operador por longos períodos de tempo.

Tabela 8.1 Cromatografia a gás

Problema	Solução
FID com sinal pouco intenso	1 - Se for diminuição de sinal devido a resíduos orgânicos, fragmentos de grafite da anilha ou muito tempo de uso, a limpeza periódica do coletor, do *jet* e da base do FID será necessária. Na maioria dos modelos, o sinal nominal do FID aceso, sem a presença de analitos, é entre 5 e 6 pA, com algumas oscilações. 2 - Verificar se injetor automático está coletando a amostra de modo correto. 3 - Injetar manualmente com outra microsseringa para verificar se a microsseringa do injetor automático não está entupida.
Linha base muito instável	Verificar se foi efetuado o condicionamento prévio e correto da coluna, de acordo com as especificações do fabricante. Colunas mal condicionadas ou que "esqueceram" de condicionar tendem a apresentar esse efeito.
Problemas em tempos de retenção	1 - Em alguns casos, um medidor de fluxo (fluxímetro) pode ser utilizado para verificar se o valor do *setpoint* do gás de arraste está correto, sem problemas operacionais, sem obstruções internas ou "estrangulamentos" da coluna nas anilhas do injetor e do detector durante posicionamento e instalação. 2 - Verificar pressões nominais operacionais. 3 - Verificar aumento drástico de pressão no injetor. 4 - Outra causa que pode promover a diminuição nos TRs é muito uso da coluna, indicando o final da vida útil desse consumível.
Injetor automático danificando microsseringas ou entortando agulhas	Sempre realizar a calibração e o alinhamento prévio do injetor automático, periodicamente. Fazer a verificação do alinhamento antes de iniciar a sequência de análises. Verificar se a agulha não está entupida.
Sinal de água alto no espectrômetro de massa (MS)	1 - Verificar o valor do alto vácuo. Geralmente, irá demorar até 24 h para atingir o valor ideal e estabilizar. Dependendo do modelo do GC-MS e do bom uso e de conexões bem aferidas, pode-se atingir o valor de referência do manual em 12 h. Se o valor não for obtido em 24 h, será necessário averiguar o que está ocorrendo. 2 - Podem ser problemas nas anilhas/ferrolhos de Vespel, conexões não apertadas corretamente, problemas na bomba de vácuo ou vedações degradando. Deve-se substituir os consumíveis e apertar corretamente as conexões. 3 - Verificar a eficiência da bomba de vácuo. 4 - Realizar a troca periódica do óleo e substituir os consumíveis de acordo com o modelo da bomba de vácuo (geralmente, com 3.000 horas de uso).
Sem sinal no MS	1 - Filamento queimou ou atingiu o limite da vida útil (geralmente, 1.000 h de uso, mas depende do bom uso, de evitar amostras com resíduo de água e de evitar altas concentrações ou preparos incorretos de amostra que podem saturar o detector. Se o detector for saturado inúmeras vezes ou o operador não configurou o *solvent cut* de modo correto, o filamento irá queimar precocemente). 2 - Substituir o filamento de impacto eletrônico por um novo.
Com sinal no MS, mas sem picos no cromatograma	Se existe sinal verificado no *tune* e o valor durante o *auto-tuning* está de acordo com o manual, pode ser posicionamento incorreto de coluna. "Gabaritar" a coluna novamente poderá resolver esse problema. Obs.: aguardar o valor de alto vácuo antes de realizar esse procedimento.
A linha base está correta, mas após algum tempo de análise tende a zero e depois retorna para posição inicial	1 - Se houver um pico alto antes de retornar a zero, indica saturação do detector. É um erro que deve ser evitado sempre. Realizar a diluição da amostra corretamente e configurar o tempo que o filamento ficará desligado até a passagem do solvente (*solvent cut*). 2 - Pode ser mau contato das conexões do filamento. Verificar se o contato está firme e fixado corretamente.

Tabela 8.1 Cromatografia a gás

Problema	Solução
Modo *split* ou *splitless*	O *split* é a divisão da amostra, em que uma parte pré-determinada é enviada para a coluna e o restante é descartado pelo *vent*. Geralmente, utiliza-se *split* = 50:1, em que apenas uma parte da amostra é encaminhada para a coluna e 49 partes são descartadas. É utilizado para não sobrecarregar a coluna e o detector. Porém, alguns métodos utilizam o modo *splitless*, em que toda a amostra é encaminhada para a coluna, porque os analitos estão em concentrações muito baixas. Deve-se ter cautela com o modo *splitless*, sobretudo se o detector for um espectrômetro de massa, porque se ocorrerem diversas saturações do detector o filamento poderá queimar e o preço de um novo é consideravelmente alto. Deve-se também, obrigatoriamente, seja em modo *split* ou *splitless*, utilizar o *solvent cut* para evitar a saturação pelo solvente, conforme descrito acima.
Pressão dos gases	Sempre verificar se os reguladores estão abertos e as pressões nas linhas de gases estão devidamente reguladas. Em alguns casos, por exemplo, a linha estará pressurizada e alguém poderá ter fechado erroneamente algum regulador. A pressão estará alta, porém irá diminuir lentamente conforme o gás residual na linha for consumido pelo GC. É bom estar atento para essas alterações, porque, se um GC com injetor automático é ligado com pressão normal na linha e programado para fazer várias análises e o analista não acompanha, se o regulador estiver fechado, a pressão irá diminuir lentamente até esvaziar a linha e a programação das amostras irá continuar ocorrendo. Se houver rampas altas de temperaturas no método, a coluna irá degradar termicamente, devido às altas temperaturas sem a passagem do gás de arraste.
Condicionamento de colunas novas	Sempre realizar o condicionamento de colunas novas, de acordo com as recomendações do fabricante, respeitando os limites de temperatura e efetuando as rampas de aquecimento de acordo com as instruções do manual da coluna. Nunca condicionar a coluna conectada ao detector.
Exemplo de condicionamento	Verificar condições de acordo com o fabricante da coluna. Por exemplo, com a coluna desconectada do detector, passar gás de arraste por 30 minutos para remover resíduos de produção, umidade e ar atmosférico, sem aquecer o forno. Aquecer em temperatura intermediária por 2 horas. Aumentar a temperatura para o máximo ou próximo ao máximo e manter por 1 hora. Cuidado: não usar H_2 para condicionar a coluna (risco de explosão).

Tabela 8.2 Espectrometria de massa

Possíveis fragmentos contaminantes		
Composto	**Molécula ou fragmento (*m/z*)**	**Problema**
O_2	32, 16	Vedação (ar atmosférico), água e ar residual no espectrômetro, *setpoint* do vácuo ainda não atingido.
N_2	28, 14	
H_2O	18	
CO_2, CO	44, 28	
Argônio	40	Vedação, uso na cela de colisão do quadrupolo.
Metano	13, 14, 15, 16	Vedação, contaminante do gás cloro.
PFTBA	31, 51, 69, 100, 119, 131, 169, 181, 214, 219, 264, 376, 414, 426, 464, 502, 576, 614	Vazamento na válvula do composto de calibração.
Óleo da bomba	69	Vapor de óleo da bomba de vácuo retornando.
Dimetilpolissiloxano	73, 147, 207, 221, 281, 295, 355, 429	Decomposição térmica do septo do injetor ou "sangramento" da coluna.
Plastificantes (ftalatos)	149	Vedações de vácuo (*o-rings*) danificados, uso de luvas de vinil ou plástico. Usar luvas de náilon.

Tabela 8.2 Espectrometria de massa

Possíveis fragmentos contaminantes		
Composto	**Molécula ou fragmento (*m/z*)**	**Problema**
Impressões digitais (hidrocarbonetos)	Picos espaçados com 14 *m/z*	Contaminação por impressões digitais. Usar luvas nitrílicas.
Ausência de vazamentos	Intensidade do 28 (nitrogênio) comparado com 32 (oxigênio) ser aproximadamente o dobro ou um pouco mais.	Nenhum problema de vazamento, conexões corretamente vedadas.
Anilhas	Após a instalação de uma nova coluna, as anilhas podem se expandir e se contrair com as alterações de temperatura.	Vazamentos. Verificar as anilhas das conexões das colunas.

Tabela 8.3 Cromatografia líquida de alta eficiência

Problema	Solução
Nenhum pico no cromatograma	1 - Verificar todas as conexões e possíveis vazamentos. 2 – Verificar altura da linha base e se está oscilando levemente (ruído padrão). 3 – Verificar se o detector está emitindo sinal. Verificar a vida útil das lâmpadas. 4 – Verificar nível da amostra e se a agulha está entrando na altura correta no "Vial". 5 – Limpar o detector com solvente e verificar sinal. 6 – Percolar padrão diluído diretamente no detector e verificar presença de sinal. 7 – Verificar *Loop* e demais conexões do injetor. 8 – Verificar se a agulha não está entupida.
Aumento de pressão repentino	Preparar a amostra corretamente, fazer o *clean-up*, filtrar em membranas, centrifugar, particionar, destilar ou realizar procedimentos para remover possíveis partículas presentes na solução, que podem estar gerando início de entupimento da pré-coluna ou da própria coluna. Certificar-se de que diluições foram efetuadas da forma correta, respeitando-se as faixas de concentrações permitidas. Indicativo também de que a vida útil da coluna pode estar chegando ao fim.
Diminuição de pressão repentina	1 - Verificar vazamentos. 2 – Verificar se a fase estacionária não está lixiviando. Incompatibilidade de solventes e faixas de pH com a fase estacionária. Geralmente, as colunas possuem faixa de trabalho de pH = 2,0 a 8,0. 3 – Aferir o pH antes das análises e efetuar correções.
Diminuição de pressão brusca	Verificar o nível dos solventes. Nunca deixar que os solventes acabem. Se o HPLC for ser utilizado por longos períodos de tempo, calcular o volume necessário de cada solvente. Por exemplo, um método com fluxo de 1 mL.min.$^{-1}$, com 80% de água Milli-Q e 20% de Acetonitrila irá consumir por hora: 48 mL de água Milli-Q e 12 mL de Acetonitrila.
Oscilações de pressão	Verificar solventes: contaminados, degradados, antigos. Água Milli-Q: realizar substituição diária, para evitar possível crescimento de fungos.
Picos com "caudas"	1 – Verificar pH da amostra: possíveis interações da amostra com grupos silanóis da coluna. 2 – Tampão com baixa capacidade, aumentar concentrações dos sais. 3 – Verificar conexões dos capilares. 4 – Degradação da coluna, possível substituição por uma nova.
Picos "encabeçados"	1 – Substituir pré-coluna. 2 – Encontrar possível fonte de partículas (amostras, eluentes, mecanismos da bomba, válvula do injetor). 3 – Sobrecarga da coluna: diminuir volume de injeção ou concentração da amostra. 4 – Canais na coluna: substituir por coluna nova.

Tabela 8.3 Cromatografia líquida de alta eficiência

Problema	Solução
Picos muito largos	1 - Alterar a proporção dos solventes de acordo com as forças eluentes. Aumentar o gradiente de concentrações. Se possível, diminuir os tempos de retenção dos analitos, modificando as condições do método. Aumentar o fluxo da fase móvel.
Picos "fantasmas" (*ghost peaks*)	Provavelmente são picos da amostra anterior. Solução: aumentar o tempo de análise para garantir que todos os analitos saiam da coluna antes da próxima análise. Limpar a coluna com solvente. Injetar água Milli-Q em triplicata e verificar o desaparecimento dos picos "fantasmas". Limpar injetor, agulha e microsseringa. Limpar degaseificador, possível crescimento de bactérias ou fungos.
Picos duplos	Limpar pré-coluna e coluna. Substituir, se necessário. Verificar preparo de amostra. Substituir selo/lacre (*seal*) do rotor.
Tempos de retenção diminuindo	1 - Degradação da fase estacionária, substituir a coluna. 2 - *Overload*: diminuir volume de injeção ou concentração da amostra. Substituir fases móveis.
Tempos de retenção aumentando	1 - Verificar bomba: possível diminuição de fluxo da fase móvel. 2 - Possível degradação dos solventes: substituir fases móveis.
Pequeno *drift* da linha base	Verificar se a temperatura da coluna está constante durante a análise, se os solventes são de alta qualidade, verificar faixas em que o solvente pode interferir no cromatograma, se o comprimento de onda de referência está correto. Testar em modo isocrático para verificar linha base. Testar com outra coluna. Pode ser um indicativo de problema nas lâmpadas. Verificar se o aquecimento das lâmpadas está demorando um pouco mais do que o normal para estabilizar a linha base, ligar o HPLC, monitorar a linha base sem injetar amostras e aguardar estabilizar.
Recuperação de coluna entupida (pressão muito alta)	Em alguns casos, o preparo da amostra pode ter ocorrido de maneira incorreta e partículas sólidas podem estar presentes na amostra. Ou o analista errou no cálculo do preparo de soluções e a amostra está muito concentrada. Nesses casos, a pressão irá aumentar drasticamente após a injeção da amostra. Pode-se inverter a coluna, desconectar do detector e percolar a fase móvel lentamente, em baixo fluxo, até a remoção da causa do entupimento e a regularização da pressão. Em alguns casos amenos, é possível recuperar a coluna.
Armazenamento de coluna por longo prazo	Para prolongar a vida útil da coluna, preencher com solvente orgânico, por exemplo, 100% acetonitrila, sem água, sendo uma recomendação internacional para prevenir alterações na fase estacionária e preservar a coluna. A ausência de água é para evitar a proliferação de possíveis fungos ou bactérias que podem estar presentes em alguns tipos de amostra.
Condicionamento de colunas novas	Sempre realizar o condicionamento de colunas novas, de acordo com as recomendações do fabricante. Utilizar as condições descritas no manual que acompanha a coluna. Por exemplo, usar fluxo de 0,4 $mL.min^{-1}$ por 3 horas, com a fase móvel descrita no manual ou com a fase móvel de rotina que será utilizada nas análises. Aumentar o fluxo lentamente até o fluxo operacional do método. Nunca condicionar uma coluna conectada ao detector.

ANEXO
Lista de amostras utilizadas neste trabalho

- 5 neonicotinoides. Imidacloprid.
- 50 solventes industriais.
- 90 pesticidas.
- Águas de abastecimento público.
- Águas de poços, rios, lagos e minas.
- Águas minerais produzidas nas cidades: Potirendaba/SP, Lindoia/SP, Jacutinga/MG, Itirapina/SP, Ribeirão Preto/SP e Matão/SP.
- Ar atmosférico. Etanol, n-hexano, tolueno, tetracloroetileno. Limoneno.
- Azeite extravirgem de Portugal. Óleo de soja comercial.
- Bebidas destiladas: cachaças, uísques *blend* e puro malte (8 e 12 anos), do Tennessee, *moonshine*, grappa italiana. Frações destiladas: cabeça, coração e cauda.
- Bebidas fermentadas: hidromel (diversas amostras). Cervejas estilos: *Weizen*, APA e IPA. Vinhos tintos e brancos: Brasil, Chile, Portugal e Argentina.
- Benzeno, tetracloreto de carbono, dissulfeto de carbono, clorofórmio, dicloroetano, clorobenzeno, diclorofluormetano, bromometano, bromofórmio, álcool terc-butílico, diisopropil éter, t-amil etil éter, diclorobenzeno, álcool isobutílico,

cloreto de metileno, naftaleno, estireno, xilenos, tricloropropano, trimetilbenzeno e triclofluorometano.

- Biodiesel: metílico derivado de óleo de soja, etílico derivado de óleo de soja, metílico experimental derivado de óleo de semente de goiaba.
- Cafés: 100% arábica e robusta (*blend*). Regiões: Sul de Minas, Alta Mogiana e Cerrado de Minas. Interior de São Paulo. Cafeína.
- Casca de limão, limoneno. Noz-moscada e angico. Noz-de-cola, cravo e canela.
- Chás: camomila, chá verde, erva-cidreira ou melissa, hortelã, capim-cidreira, erva-doce, gengibre, pfaffia, verbena, ginkgo biloba, manjerona e alecrim. Chás preto, verde, mate, mate com canela, chá preto com frutas vermelhas, hortelã, erva-doce, camomila, capim cidreira, melissa com sálvia e jasmim.
- Clorpirifós, dimetoato e fipronil.
- Etanol: anidro, hidratado, combustível, flegma, amostras das bandejas de destilação. Metanol e álcoois superiores.
- Hipérico (erva-de-são-joão).
- Lúpulos para IPA e APA.
- Mel: florada de laranjeiras e cafezais, de flores de eucalipto, de flores silvestres. Mel das cidades de Matão/SP, Ribeirão Preto/SP e Iacanga/SP.
- Methamidophos, acephate, isoprocarb, fenobucarb, thiometon, dimethipin, pyrimicarb, ethiofencarb, benfuresate, benthiocarb, diethofencarb, metolachlor, parathion, isofenphos oxone, fosthiazate, flutolanil, prothiofos, myclobutanil, flusilazole, captafol, iprodione, acetamiprid, dicofol, tebufenpyrad, pyriproxyfen, fenarimol, acrinathrin, pyraclofos, permethrin, cyfluthrin, cypermethrin, pyrimidifen, difenoconazole, imibenconazole.
- Óleos essenciais: lavanda, *peppermint*.

GRÁFICA PAYM
Tel. [11] 4392-3344
paym@graficapaym.com.br